精细化学品生产技术专业（群）重点建设教材
国家骨干高职院校项目建设成果

室内环境检测

主　编	干雅平	杭州职业技术学院
副主编	姚超英	杭州职业技术学院
	马占青	杭州职业技术学院
	何连军	杭州职业技术学院
参　编	汤玉训	浙江省家具与五金研究所
	陈　果	杭州风铃草环保科技有限公司
	徐明仙	杭州职业技术学院

U0277321

ZHEJIANG UNIVERSITY PRESS
浙江大学出版社

图书在版编目(CIP)数据

室内环境检测 / 干雅平主编. —杭州:浙江大学
出版社,2015.6(2020.1 重印)
ISBN 978-7-308-14269-4

Ⅰ.①室… Ⅱ.①干… Ⅲ.①室内环境—环境监测—
教材 Ⅳ.①X83

中国版本图书馆 CIP 数据核字(2014)第 306662 号

室内环境检测

干雅平 主编

责任编辑	石国华	
封面设计	刘依群	
出版发行	浙江大学出版社	
	(杭州市天目山路 148 号 邮政编码 310007)	
	(网址:http://www.zjupress.com)	
排　版	杭州星云光电图文制作有限公司	
印　刷	浙江新华数码印务有限公司	
开　本	710mm×1000mm　1/16	
印　张	9	
字　数	174 千	
版 印 次	2015 年 6 月第 1 版　2020 年 1 月第 4 次印刷	
书　号	ISBN 978-7-308-14269-4	
定　价	25.00 元	

丛书编委会

总　序

2008 年，杭州职业技术学院提出了"重构课堂、联通岗位、双师共育、校企联动"的教改思路，拉开了教学改革的序幕。2010 年，学校成功申报为国家骨干高职院校建设单位，倡导课堂教学形态改革与创新，大力推行项目导向、任务驱动、教学做合一的教学模式改革与相应课程建设，与行业企业合作共同开发紧密结合生产实际的优质核心课程和校本教材、活页教材，取得了一定成效。精细化学品生产技术专业（群）是骨干校重点建设专业之一，也是浙江省优势专业建设项目之一。在近几年实施课程建设与教学改革的基础上，组织骨干教师和行业企业技术人员共同编写了与专业课程配套的校本教材，几经试用与修改，现正式编印出版，是学校国家骨干校建设项目和浙江省优势专业建设项目的教研成果之一。

教材是学生学习的主要工具，也是教师教学的主要载体。好的教材能够提纲挈领，举一反三，授人以渔。而工学结合的项目化教材则要求更高，不仅要有广深的理论，更要有鲜活的案例、科学的课题设计以及可行的教学方法与手段。编者们在编写的过程中以自身教学实践为基础，吸取了相关教材的经验并结合时代特征而有所创新，使教材内容与经济社会发展需求的动态相一致。

本套教材在内容取舍上摈弃求全、求系统的传统，在结构序化上，首先明确学习目标，随之是任务描述、任务实施步骤，再是结合任务需要进行知识拓展，体现了知识、技能、素质有机融合的设计思路。

本套教材涉及精细化学品生产技术、生物制药技术、环境监测与治理技术 3 个专业共 9 门课程，由浙江大学出版社出版发行。在此，对参与本套教材的编审人员及提供帮助的企业表示衷心的感谢。

限于专业类型、课程性质、教学条件以及编者的经验与能力，难免存在不妥之处，敬请专家、同仁提出宝贵意见。

谢萍华
2014 年 12 月

前　言

继"煤烟型"、"光化学烟雾型"污染后,我国已进入以"室内空气污染"为标志的第三代污染时期。室内环境的质量直接关系到人体的健康。已有大量研究成果表明,室内空气污染会引起"致病建筑综合征",症状包括头痛、干咳、头晕恶心等;与此相关的还有"建筑物关联病";此外,国外曾报道因室内空气污染引起军团菌爆发,导致大量人员死亡。因此,我们必须对室内空气质量问题予以重视。

本教材就是为了满足高职高专环境类专业对室内环境监测教材的要求及根据当前我国职业教育改革与发展的方向——校企合作、工学结合的需要而编写的。在教材内容的编排上,以工学结合为切入点,以工作过程为导向,以职业岗位的真实任务为载体,设计教学项目,再围绕教学项目组织教学内容,按照国家标准和行业规范强调监测实训效果,突出了工学结合人才培养模式,为学生顶岗实习打下坚实的基础,增强学生上岗就业的竞争力。

本教材主要适用于高职高专环境监测专业及环境类其他各专业使用;同时,也可作为大中专院校、环境保护相关企事业单位培训及职业资格考试的培训教材。

本教材是与从事环境检测的企业专家——浙江省家具与五金研究所汤工和杭州风铃草环保科技有限公司陈总一起编写的,得到了两位专家的大力支持,在此深表谢意! 此外,还参考了《室内环境监测》、《室内环境污染控制》、《居住环境与健康》、《居室环境与人体健康》、《室内环境检测实训指导》等教材,也得到了浙江大学出版社的大力支持和帮助,在此谨向出版社和文献原作者一并表示衷心的感谢!

由于编者水平所限,书中难免存在不足之处,敬请各位读者给予批评指正。

编者

2014 年 12 月

目　录

绪　论 ……………………………………………………………………………（1）
　　技能训练　评价室内空气品质 ………………………………………………（8）

模块一　寻找室内污染源和污染物 ……………………………………………（10）
　　任务一　寻找室内污染源 ……………………………………………………（10）
　　　　知识链接　室内主要污染物的来源 ……………………………………（10）
　　任务二　判断室内主要污染物 ………………………………………………（21）
　　　　知识链接　室内主要污染物及其危害 …………………………………（21）
　　任务三　室内环境舒适度的判定 ……………………………………………（24）
　　　　知识链接　室内环境舒适度的影响因素 ………………………………（24）
　　　　技能训练一　热球式电风速计法测定空气流速 ………………………（29）
　　　　技能训练二　示踪气体法测定新风量 …………………………………（30）
　　　　阅读材料　健康与绿色住宅 ……………………………………………（32）

模块二　室内装修材料中有害物质的测定 …………………………………（35）
　　任务一　干燥器法测定人造板中甲醛含量 …………………………………（35）
　　　　知识链接　人造板中甲醛的测定标准 …………………………………（35）
　　　　技能训练　干燥器法测定人造板中甲醛含量 …………………………（36）
　　　　技能拓展　穿孔萃取法测定人造板中甲醛含量 ………………………（38）
　　　　阅读材料　气候箱法测定人造板中甲醛含量 …………………………（41）
　　任务二　油漆、涂料中的有害物质的测定 …………………………………（43）
　　　　知识链接　油漆、涂料中的有害物质 …………………………………（43）
　　　　技能训练一　游离甲醛的测定 …………………………………………（43）
　　　　技能训练二　挥发性有机物的测定 ……………………………………（45）
　　　　技能训练三　苯及苯系物的测定 ………………………………………（49）
　　　　技能训练四　重金属的测定 ……………………………………………（52）

模块三　室内主要污染物的测定 ……………………………………………（55）
　　任务一　室内空气监测方案的制订 …………………………………………（55）
　　　　知识链接　室内空气监测方案的设计 …………………………………（55）

任务二　室内空气样品的采集 ……………………………………（57）

知识链接一　污染物的采样方法 ………………………………（57）

知识链接二　采样体积的计算 …………………………………（60）

知识链接三　空气污染物浓度的表示方法 ……………………（61）

技能训练一　大气采样器的使用 ………………………………（62）

技能训练二　现场记录表的记录 ………………………………（64）

技能拓展　大气采样器的维护与保养 …………………………（64）

任务三　室内空气中氡的测定 ……………………………………（66）

知识链接　氡的特性、来源及危害 ……………………………（66）

技能训练　闪烁室（瓶）法测定室内空气中氡含量 ……………（67）

技能拓展　FD216氡检测仪测定室内空气中氡含量 …………（68）

任务四　有机物甲醛的测定 ………………………………………（69）

知识链接　甲醛的特性、来源及危害 …………………………（69）

技能训练　酚试剂分光光度法测定室内空气中甲醛含量 ……（71）

技能拓展　乙酰丙酮法测定室内空气中甲醛含量 ……………（75）

任务五　苯及苯系物的测定 ………………………………………（77）

知识链接　苯及苯系物的特性、来源及危害 …………………（77）

技能训练　二硫化碳提取气相色谱法测定室内空气中的苯及苯系物

……………………………………………………………（79）

任务六　室内空气中总挥发性有机物的测定 ……………………（83）

知识链接　TVOC的特性、来源及危害 ………………………（83）

技能训练　热解吸气相色谱法测定室内空气中的TVOC ……（85）

任务七　室内空气中菌落总数的测定 ……………………………（88）

技能训练　自然沉降法测定室内空气中的菌落总数 …………（88）

技能拓展　撞击法测定室内空气中的菌落总数 ………………（90）

任务八　综合实训项目——学校教学楼室内环境检测 …………（91）

模块四　室内空气污染治理技术 ………………………………（93）

知识链接　室内空气污染治理技术 ……………………………（93）

技能训练　自主设计光触媒技术去除人造板中甲醛污染的实验 …（97）

模块五　营造健康的居住环境 …………………………………（98）

附录一　室内空气质量标准（GB/T 18883—2002） ……………（106）

附录二　民用建筑工程室内环境污染控制规范（GB 50325—2010） …（108）

绪　　论

空气污染可分为室外空气污染和室内空气污染。由于不同原因造成的较大范围空气污染主要经历了三个阶段,也可称为三代:第一代污染是 18 世纪工业革命带来的煤烟污染;第二代污染是 19 世纪石油和汽车工业的发展带来的光化学烟雾污染;第三代污染以室内污染为标志,污染物可能达数千种之多,被称为现代城市的特殊灾害。前两代污染人们关注的焦点主要集中在室外污染的问题上,如酸雨、温室效应、臭氧层破坏和光化学烟雾污染等,并且主要考虑着如何将这些外部污染隔绝在自己所处的室内环境之外。于是,人们想尽办法将居住的室内场所与室外隔离。随之而来的问题是,在装修过程中各种建筑材料和装饰材料所释放出来的污染物和一些杀虫剂、除臭剂、芳香剂等含有机溶剂的化学品的大量使用,以及吸烟和烹饪等过程中产生的大量污染物未能完全排出室外,导致了室内的污染物在通常情况下反而大大高于室外相同的污染物的浓度,甚至要高出几倍甚至几十倍。这些污染物使人体产生包括头晕、胸闷、发烧、皮肤炎症、肺炎和肺气肿等多种疾病现象,于是就形成了室内环境污染。

一、室内空气污染的特点

人的一生至少 70% 以上的时间在室内度过,而城市人口在室内度过的时间更是超过了 90%,尤其是婴幼儿和老弱残疾者在室内的时间更长。但是室内空气污染物的浓度一般是室外污染物浓度的 2~5 倍,在某些情况下是室外污染物的几十甚至上百倍。因此,室内空气质量的优劣直接关系到每个人的健康。70 年代以来,在发达国家出现了所谓的"不良建筑综合征(Sick Building Syndrome,SBS)",就是室内空气污染潜在问题的表现。

所谓的室内环境,是相对于室外环境而言的。这里所说的室内不单单是指家居住宅,在广义上还包括了各种室内公共场所和室内办公场所,如工作、学习娱乐、购物等场所的办公室、学校教室、医院、大型百货商店、写字楼和交通工具等相对封闭的各种场所。

室内空气污染物的种类日趋增多,由于人们生活水平的提高,大量的能够挥发出有害物质的建筑材料、装饰材料、人造板家具等民用化工产品进入室内。因此,人们在室内接触到的有害物质的种类和数量比以往明显增多。

建筑物密闭程度的增加,使得室内污染物不易扩散,增加了室内人群对污染物接触的水平。随着世界能源的日趋紧张,包括发达国家在内的许多国家都十分重视节约能源,许多建筑物都被设计和建筑得非常密闭,使用空调的房间也尽量减少新风量的进入,以节省耗电量,由此,严重影响了通风换气,室内的污染不能及时排出室外,室内污染源就在室内微小的环境中产生和累积有害物质,直接作用于人群,严重影响室内人群的健康。

因此,室内空气污染可以定义为:由于室内引入能释放有害物质的污染源或室内环境通风不佳而导致室内空气中有害物质无论是数量上还是种类上不断增加,并引起人的一系列不适症状。

室内环境污染物由于来源广泛,种类繁多,各种污染物对人体的危害程度是不同的,并且作为现代人生活工作的主要场所——室内环境,在现代的建筑设计中越来越考虑能源的有效利用,其与外界的通风换气是非常少的,在这种情况下室内和室外就变成两个相对不同的环境,因此室内环境污染有自身的特点,主要表现在以下几个方面。

(1)影响范围广,室内环境污染不同于特定的工矿企业环境,它包括居室环境、办公室环境、交通工具内环境、娱乐场所环境和医院疗养院环境等,故所涉及的人群数量大,几乎包括了整个年龄组。

(2)接触时间长,人的一生中至少有一半的时间是完全在室内度过的,当人们长期暴露在有污染的室内环境中时,污染物对人体的作用时间也无疑相应很长。

(3)污染物浓度高,很多室内环境特别是刚刚装修完毕的环境,从各种装修材料中释放出来的污染物浓度均很大,并且在通风换气不充分的条件下污染物不能排放到室外,大量的污染物长期滞留在室内,使得室内污染物浓度很高,严重时室内污染物浓度可超过室外几十倍之多。

(4)污染类型和污染物种类多,有物理污染、化学污染、生物污染、放射性污染等,特别是化学污染,其中不仅有无机物污染如氮氧化物、硫氧化物、碳氧化物等,还有更为复杂的有机物污染,其种类可达到上千种,并且这些污染物又可以重新发生作用产生新的污染物。

(5)污染物排放周期长,对于从装修材料中排放出来的污染物如甲醛,尽管在通风充足的条件下,它还是能不停地从材料孔隙中释放出来。有研究表明,甲醛的释放可达十几年之久,而对于放射性污染其发生危害作用的时间可能更长。

(6)危害表现时间不一,有的污染物在短期内就可对人体产生极大的危害,而有的则潜伏期很长,比如对于放射性污染,有的潜伏期可达到几十年之久,直到人死亡都没有表现出来。

(7)健康危害不清,一些低浓度的室内空气污染的长期影响对人体作用机理及其阈值剂量不清楚,对人体的作用是微小的、缓慢的和迟发的。

二、室内空气污染的危害

人们对室外环境污染的严重性和危害性已有深刻认识,而对室内空气污染的状况不甚了解,以为室内空气比室外空气好。事实上,由于我国城市用于居室、写字楼的建筑材料、家具制品和装修材料大多含有超标(有的是严重超标)的甲醛、苯、氨、氡、氯化烃等对人体健康极为有害的物质,这些逐渐释放出来的有机和无机污染物,未能被及时排放到室外或在室内分解,浓度逐渐提高,致使室内空气质量恶化,污染日趋严重,在对人们的身心健康造成的危害方面,已在很大程度上超过了室外空气污染。环境专家同时指出,新装修的居室、写字楼室内空气污染情况更为普遍和严重,污染程度通常为室外的5～10倍,有的甚至达到100倍。根据调查,目前我国有近4亿人不同程度地患有气喘及过敏性鼻炎,不良的室内空气质量是主要原因之一。另据中国社会科学院最近的一项报告,我国因空气污染导致人体疾病的医疗费用估算为171亿元,而城市的大多数居民有80%以上的时间是在室内度过,由此可见,目前我国室内空气污染处于相当严重的状况,其危害性不容忽视,主要有以下两方面。

(1)室内空气污染会危害人身体健康。国外大量研究结果表明,室内空气污染会引起"致病建筑综合征"(SBS),症状包括头痛,眼、鼻和喉部不适,干咳,皮肤干燥发痒,注意力难以集中和对气味敏感等。这些症状的具体原因不详,但大多数患者在离开建筑物不久症状自行缓解。

目前装饰材料成为室内污染的主要来源。市场上80%的装修材料都含有大量的有机有害物质,这些建材一旦进入室内,在通风环境不好的环境中浓度会很高,从而危害人的健康。例如,用作室内装饰的胶合板、细木工板、中密度纤维板和刨花板等人造板材中都含有甲醛,即使长期接触低剂量的甲醛也会引起慢性呼吸道疾病,高浓度的甲醛对神经系统、肝脏等都有毒害,长期接触较高浓度的甲醛会出现急性精神抑郁症,国际癌症研究所已建议将其作为可致癌物对待。其他如苯、甲苯、二甲苯等都是已证明毒性极强的物质。

(2)室内空气污染会影响人们的工作效率,室内空气质量与劳动效率和出勤率有着密切关系,由此造成了缺勤和医疗费用的巨大损失。《美国医学杂志》1985年调查报告估计,在美国,每年因呼吸道感染而就医的人数达7500万次,每年损失1.5亿个工作日,花费的医疗费用达150亿美元,而缺勤损失高达590亿美元。由于室内空气质量而使业主与物业产生的纠纷时有发生,有的甚至对簿公堂,既浪费人力又浪费物力。国际经验表明,加强室内空气质量的控制,通常情况下所增加的费用并不多,但可以达到提高劳动生产率的目的。

三、室内空气污染的研究进展

(一)国外室内空气污染的研究进展

国外室内空气污染问题最早可追溯到20世纪30年代,但从60年代开始才有了关于室内空气污染健康效应的研究,主要集中在各种人类活动引起的呼吸性健康疾病。此时,欧美等他国开始大量使用甲醛制品,其中,甲醛泡沫树脂隔热材料在那时曾被大量用于构建房屋,致使大量甲醛释放到室内,引起居住者急性中毒,甚至引起中毒性肝炎或过敏性紫斑。这些问题在当时引起很大的震动,于是,工业卫生、环境保护、化学化工和建筑装潢等专业的工作人员都围绕着甲醛污染问题,相继开展了环境监测、流行病学调查、临床观察、毒理试验、工艺改革及相应的实际工作和科学研究。

1983 年,世界卫生组织开展大规模调查,初步掌握了室内空气质量问题的成因、现状和危害。1974—1990 年,世界卫生组织召开了 8 次关于"室内空气质量与健康的会议",此外北大西洋公约组织在 1989—1993 年进行了包括 14 个国家的 200 名专家参与的有关室内空气方面的调查研究,在相关研究成果的基础上,世界卫生组织于 1989 年提出空气有机污染物的分类,得出挥发性有机物对人类危害的试验性结果。1991 年,美国采暖、制冷与空调工程师学会与国际建筑研究学会联合召开了首次健康建筑与室内空气质量国际会议。期间,许多学者进行了很多相关的研究,室内环境污染研究也逐渐发展成为比较科学完备的研究体系,从污染物检测、流行病学调查、污染分析模拟,到质量风险评价、风险管理、污染物卫生标准等各方面都比较深入。

与此同时,室内环境管理机构也开始在发达国家或地区形成,如美国环保局于 1988 年在其空气与辐射司下设了室内空气质量程序办公室,1995 年又与较早设立的氡分部合并成立了室内环境处,并附设了两个与室内环境相关的国家实验室,在相关部门设立了室内环境的监管、执法机构;从 1993 年到现在,美国还将每年 10 月份的第 3 周作为国家氡活动周,使室内环境质量控制成为全民行为,在学校里都设有室内环境协调员,管理和督导室内环境质量的监测和控制。法国政府也于 1999 年底成立了国家室内空气检测站,并从 2001 年开始,每年在全国选择 1000 个监测点,对典型室内场所的氡、铅、霉菌、过敏源、人造矿物纤维、杀虫剂及烟草烟雾等 10 多种有害物质进行检测,并向公众通报检测结果。

日本、意大利、德国、加拿大、美国和澳大利亚等国家对室内环境空气质量进行了控制,分别制定了本国的室内环境质量标准。美国一般引用美国环保局已有的环境空气监测分析方法和采样方法,或制定适用于室内空气质量监测的分析方法,如美国新泽西州环保局 2003 年 4 月颁布的程序文件《室内空气中 VOC 采样及分析规范》、威斯康新州公众健康局的专业导则《化学蒸汽入侵下居室室内空气》、科罗拉多州公众健康与环境有害材料管理局的《室内空气样品分析导则》等。

目前,国外研究的几个主要方面有:室内生物性污染物的研究、室内污染对未成年人的影响、污染物暴露评价、计算机模拟技术、室内空气污染模型建立研究、室内污染控制方法研究以及室内二次污染的研究。

(二)国内室内空气污染的研究进展

我国最初大规模出现室内空气污染是在 20 世纪 80 年代,随着室内空气质量的不断恶化,人们开始关注室内环境污染问题,国家开始重视室内环境污染的防治工作。

在 20 世纪 80 年代,我国预防医学工作者开展的有关室内空气质量研究,主要集中于燃料燃烧、烟草烟雾和烹调油烟的研究。90 年代初期,由于抽油烟机的广泛采用和燃料结构的变化,一些传统的室内污染物,如 SO_2、CO、CO_2、NO_2 等对室内空气的污染程度已大大降低。但随着房屋装修日益普遍豪华化,室内空气污染物的来源也越来越复杂,在这样的背景下,人们对室内空气质量的重要性有了更深刻的认识,并且从国家层次开始着手室内空气污染的控制工作。政府和科研人员对室内建筑装修引起的室内污染研究更是关注,在继续早期污染物研究的同时,科研工作者又进行了甲醛、氨、挥发性有机化合物以及多环芳香烃等污染物的研究。

卫生部于 1999 年开始组织室内空气卫生监督管理方法的调研工作,并委托中国预防医学科学院、环境卫生监测所牵头进行了有关文献调研及专家走访,主持召开了由全国 25 个单位参加的起草工作会,形成了"室内空气卫生监督管理办法(征求意见稿)",并加紧制定配套的卫生标准及检验方法,继续研究国内外相关法律、法规和标准,收集我国室内空气污染的背景资料,最终完成了《室内空气卫生监督管理办法》。

国家技术监督局、国家标准化管理委员会于 2001 年 7 月启动了人造板、涂料、壁纸等 10 项室内装饰装修材料有害物质限量标准的起草工作,并于当年 12 月正式颁布。这 10 项强制性国家标准对室内装修所使用的原料和辅料、加工工艺、使用过程等各个环节中甲醛、挥发性有机化合物、苯、甲苯、二甲苯、氨、游离甲苯二异氰酸酯、氯乙烯单体、苯乙烯单体、可溶性的铅、镉、铬、汞、砷等有害元素以及建筑材料放射性核素的限量值都做了明确的规定。

2001 年 11 月 26 日,建设部颁布了《民用建筑工程室内环境污染控制规范》,分别对新建、扩建和改建的民用建筑在建筑和装修材料的选择、工程勘察设计、工程施工中有害物质的限量提出了具体要求,并提出验收时必须进行室内环境污染物浓度检测。

卫生部卫生法制与监督司、中国疾病预防控制中心环境与健康相关产品安全所、中国疾病预防控制中心辐射防护与核医学安全所于 2003 年联合出版《室内空气质量标准》一书,这对室内空气质量的全面评价提供了科学依据,对控制室内空气污染,切实提高我国的室内空气质量,保护人民健康具有十分重大的作用。

目前我国建筑、环保、卫生等部门都在开展室内环境质量监测,各部门均制定了国家标准或行业标准,包括《民用建筑工程室内环境污染控制规范》、《室内空气质量标准》、《居室空气中甲醛的卫生标准》、《住房内氡浓度控制标准》以及《室内空气质量卫生规范》(卫生部文件卫法监发[2001]255 号)等。崔九思主编的《室内空气污染监测方法》、《室内环境检测仪器及应用技术》,周中平等编著的《室内污染检测与控制》等著作对室内空气监测的采样方法、分析方法进行了研究分析,并介绍了国内外最新的仪器分析手段。

我国研究工作刚刚起步,相继开展了一些工作,主要包括以下几个方面。

(一)污染源控制

大量文献表明,在国内引起室内空气污染的最主要原因是装修过程中使用的各种各样的不良建材,这些建材成为污染室内空气的污染源。例如,装修过程中使用的人造木质板材中的甲醛,油漆、涂料中释放的有机物,某些石材中的放射性污染等。室内空气污染的污染源还有某些建筑主体,如能释放出氨气的混凝土块等。消除污染的根本方法是消灭污染源,如对能产生甲醛的脲醛泡沫塑料和产生石棉粉尘的石棉等建筑材料停止使用等措施,但这无疑是不现实的,还需要通过实施《限量》法规和改进生产工艺来进行;此外少数单位利用环境舱室对材料的释放量和材料的毒害、毒性进行模拟研究,污染控制技术的开发研究,例如严彦等利用小型环境室测定和探讨了国产木制板材的甲醛释放规律;白志鹏等进行了室内混凝土墙体中氨释放规律的模拟研究;韩克勤对室内材料和用品中挥发性有机化合物释放速率和规律进行了试验研究。但是这些研究大多集中在一些大城市或在试验条件相对稳定的实验室进行,可利用的数据资料有限。

(二)室内各种污染物的监测方法

目前,一些常见的室内空气污染物大部分都已有成熟的监测方法,但对于某些污染物,如可挥发性有机物,还存在着一些问题。由于许多室内用品(如室内建筑装饰材料、家具、地毯、化妆品、清洁剂等)中都含有挥发性有机物,而且不同材料含有的有机物种类也不同,同时各种材料中有机物的挥发过程也不同,这就造成了不同材料对室内空气污染无论是污染物种类,还是时间或空间上都有很大差异,这就为准确监测某一些室内环境中的挥发性有机物造成了难题。目前国内对挥发性有机物的定性、定量主要是采用仪器法,如色谱仪或更高级的色谱-质谱联用仪,还有以传感器技术为基础的各种测定仪,还有些污染物可用直读仪直接读取数据,这些仪器要么操作复杂,检测过程较繁琐,要么操作虽简便但检测数据误差较大。

因此,如何更方便、快捷又准确地监测室内空气污染物,建立适合室内环境监测的方法还在进一步的研究过程中。

(三)各种污染物的毒理学试验

有文献报道,室内空气中甲醛浓度达 $0.05 \sim 1.50$ ppm($\times 10^{-6}$)时,可引起神经生理反应;$0.05 \sim 1.50$ ppm 时有异味;$0.01 \sim 2.00$ ppm 时对眼睛有刺激作用;$0.10 \sim 25.00$ ppm 时,产生上呼吸道刺激作用;$5.00 \sim 30.0$ ppm 时,产生下呼吸道和肺部效应;$50.00 \sim 100.00$ ppm 时,引起肺水肿、肺炎;大于 100.00 ppm 时可导致死亡(0.05 ppm 约等于 0.0625 mg/m³)。以昆明雄性小鼠为实验材料,40 只小鼠随机分为 4 组,1 组对照组,其他 3 组分别为 25%、50%、75%的甲醛溶液试剂组(小鼠全天暴露在甲醛环境中),自由饮食,四周后对照组小鼠体重增长,肺组织结构清晰,有较少的纤维化现象,肺泡壁正常;实验组小鼠均出现不同程度的肺纤维化损伤、肺泡壁增厚、毛细血管破裂、肺泡腔内出现血细胞、小鼠体重不断下降；随着甲醛浓度的增高,肺组织病变越严重,小鼠死亡率也相对越高。甲醛吸入会引起小鼠体重减轻和肺组织纤维化,且与甲醛浓度成正相关。

甲醛具有基因毒性,可引起细胞转化、DNA－蛋白交联和细胞增殖。动物实验表明,15.00～16.00ppm 可引起大鼠鼻咽癌并呈剂量效应关系。甲醛被世界卫生组织(WHO)确定为致癌物。甲醛也是变态反应原,有研究表明:暴露于 70～140$\mu g/m^3$ 甲醛浓度水平下的儿童哮喘发病率增高。

甲醛与其他污染物的联合毒性也有研究报道。将孕鼠进行不同浓度的甲醛和苯联合染毒后,流产孕鼠数增高,高剂量组孕鼠产仔数及 24h 存活仔鼠数也低于其他剂量组,并引起仔鼠肝细胞中细胞周期调控异常。甲醛和乙苯均可对小鼠脑组织造成 DNA 的损伤,联合染毒组的脑组织损伤程度重于单独染毒组,二者的联合效应表现为协同作用。通过对小鼠进行苯、甲苯、二甲苯及甲醛联合吸入染毒,测定其骨髓嗜多染红细胞微核率及精子畸形率,结果显示,苯、甲苯、二甲苯及甲醛联合吸入染毒可引起小鼠骨髓细胞微核率和精子畸形率增高,各试验组与阴性对照组比较,差异有统计学意义,且随着染毒剂量的增加骨髓细胞微核率和精子畸形率上升,提示苯、甲苯、二甲苯及甲醛联合染毒对小鼠骨髓细胞具有遗传损伤效应,且对雄性小鼠的精子有致畸变作用。

(四)污染物对人体健康的影响

人们对室内空气质量的感知与许多因素有关,个人身体状况、心理因素、经历使得结果差异很大。在美国,由室内空气质量问题引起的纠纷已上升为主要案件之一。生物标示物将更准确有效地反映出有关人员的暴露水平,可以更科学地评价污染物的危害。

常规的方法包括选取一些典型环境,如复印室、计算机房等,对已有明显症状的工作人员进行问卷调查,采集他们的血液、尿液等进行分析,确定合适的生物标示物,建立科学的预警系统。

(五)室内空气污染治理技术

室内空气污染控制的途径有三大类,即源控制、通风和空气净化。通风是改善室内空气质量,减少病态建筑综合征的重要途径,但是增加通风所带来的能耗增加也不可忽视。因此,我国研究人员一直致力于如何合理进行室内通风的研究,如马仁民、沈晋明、吴果等人研究了通风的有效性与室内空气品质的关系等。近年来国内采取了催化转化、活性炭吸附、光催化氧化及其组合技术等治理室内污染物,以期降低室内空气污染物的浓度,给人们创造健康的生活空间。如杨瑞等用光催化氧化法处理甲苯的静态试验;陶跃武等使用光催化氧化法处理丙酮和乙醛,肖劲松等在 $4m^3$ 的测试室中利用纳米 TiO_2 涂料光催化降解甲醛,以及用纳米催化剂降解室内污染物等。

评价室内空气品质

一、室内空气品质的概念

室内空气品质(Indoor Air Quality, IAQ),是指居室空间的空气质量,包括空气的温度、湿度、洁净度、新鲜度,这其中又以洁净度为最需重视的指标,洁净度是指空气中有害物质的含量,如 CO_2、可吸入颗粒、VOC、细菌等。

对于 IAQ 的理解包含多个层面,从最狭义的定义上说,提高室内空气品质,应该保证室内各污染物浓度对人体不构成危害,其基本方法是加强通风换气。其次,达到了上述要求,室内空气品质未必对人体没有伤害,这就是第二个层次的内容,即室内污染物对人体的影响不是独立的,不同浓度符合标准的污染物可能联合起来,从而对人体健康产生危害。最后,室内空气品质的好坏,还与室内空气参数、人在室内滞留时间的长短、人的生理条件等因素有关。

目前我国公认的关于室内空气品质的定义来自美国 ASHRAE(美国供暖制冷和空调工程师协会)标准 62—1999"Ventilation for Acceptable Indoor Air Quality",即可接受的室内空气品质应该是"空气中没有已知的污染物达到公认的权威机构所确定的有害浓度,且处于该环境中的绝大多数人($\geqslant 80\%$)没有表示不满"。

二、影响室内空气品质的因素

影响室内空气品质的因素很多,也很复杂,主要包括两个方面。

(一)空气状态参数

影响室内空气品质的空气参数主要是空气的温度、湿度和风速。

(二)室内污染物

影响室内空气品质的污染物有很多,主要包括空气中的气溶胶颗粒、挥发性有机化合物、香烟、石棉、甲醛、氡、烟气、燃烧产物、人体新陈代谢产物以及微生物等。

影响室内空气质量的因素很多也很复杂,美国 EPA 通过对 SBS 调查分析了引起不良室内环境的因素,见表 0-1。

表 0-1 室内环境影响因素

影响因素	占比(%)	影响因素	占比(%)
通风不足	53	建筑材料污染	4
室外污染	10	未知	13
生物污染	5		

三、室内空气品质的评价方法

室内空气品质的评价方法有两种:客观评价和主观评价。

（一）客观评价

客观评价通过仪器来检测空气中已知的有害物浓度是否超标,直接用室内污染物浓度指标来评价室内空气品质。由于涉及室内空气品质的低浓度污染物太多,而且不可能对每种污染物浓度都进行测量,因此需要选择具有代表性的污染物作为评价指标,来全面、公正地评价室内空气品质状况。目前各国都有对各种污染物的允许浓度进行规定的卫生标准,但这些标准只是针对单一有害物,不能对多种污染物的综合效应进行规定。

（二）主观评价

主观评价即利用人自身的感觉器官对空气品质进行描述和评判,一般都依靠某方面具有敏感器官及长年经验积累的专家,通过对一定背景和场合的人员进行问卷调查,并采用统计分析等方法对所处空气环境进行评价。由于均不超标的众多微量有害物与其他环境因素共同作用仍会使人感觉不适,甚至导致疾病,而目前各国尚无综合多种低浓度有害物共同作用的卫生标准,同时由于人的嗅觉和综合感觉能力要比任何测试仪器灵敏,所以采用主观评价仍是必要的。

恶劣的室内环境质量也导致医疗费用的增多。根据美国的另一项调查显示,由于恶劣的室内环境质量而导致的经济损失每年高达 47 亿~54 亿美元,当然还没有包括建筑材料及各种器材的损失。

根据香港环保署的首份室内空气质量调查表明,香港办公室和公共场所的室内空气质量不佳,造成医疗费、生产力和机电费的损失,每年高达 176 亿元。

正是由于室内环境污染对员工和整个社会经济均会造成如此重大的损失,因此对室内环境质量的改善就成了眼前一个十分迫切的问题。室内环境中各种污染物的毒理作用,如何对室内环境质量做一个合理的评估,对室内环境污染采取有效的治理等问题成为近几十年来有关专家研究的热点。

自主练习

选择一间寝室或教室,主观评价其室内空气品质。

模块一　寻找室内污染源和污染物

任务一　寻找室内污染源

　　居室相对独立于外界环境,因此居室内的有害环境因素也与室外环境不完全相同,其中室内空气污染被称为是看不见的"杀手"。主要原因是室内空气污染物来源和种类都很多,加之居室的密闭化程度不断提高更加剧了污染。室内污染源主要有哪些呢?

 **知识链接**

室内主要污染物的来源

一、来自室外的污染

　　居室污染物的种类、污染程度与室外污染的情况密切相关。许多室内空气中的污染在室内并没有明显的污染源,而浓度却比较高,这些污染可能是从室外进入的。室外污染进入室内的途径主要有以下几方面。

　　(一)大气

　　大气污染物可以通过门窗、建筑物的孔隙或其他管道缝隙等进入室内。例如SO_2、NO_x、烟雾、油雾、氨、硫化氢、颗粒物、花粉等。这类污染物主要来自工业企业、交通运输工具、花木树丛以及住宅周围的各种小锅炉、小煤炉、垃圾堆等。有些污染物的污染程度具有比较强的季节性,例如空气中的SO_2的浓度在冬季采暖季节含量明显地高于非采暖季节。而花粉则是在春暖花开的 3、4 月份污染较重。这些大气中的污染物进入室内的多寡往往与气象因素、居室距污染源的距离等有较大的关系。

（二）房基地

房基地地层中的可逸出或者挥发性的有害物质,可通过地基的缝隙进入室内,主要有以下情形。

1.地层中固有的污染气体。由于环境地球化学的原因,在地球的演变过程中造成某一地区某些元素分布过高,这类地区称为该类元素的高本底地区。如果该元素在演变过程中形成气态,就会从地缝中扩散到空气中去,例如氡及其子体,就是从地层中的镭蜕变出来的,它能通过以上各种缝隙进入室内。

2.建房以前已经被工业废弃物污染,又没有彻底清除即盖建房屋,例如某些农药、化工燃料和汞等。

3.住宅被污染,而又没有彻底清理,使迁入者受害。

4.在宅基地中使用那些蓄积性和扩散性强的农药。例如美国为防治白蚁曾经将农药施于建筑地基的土壤中,美国用得最多的是氯丹,氯丹蒸气可缓慢地传入室内,浓度可达 $2\sim5\mu g/m^3$。如果某一污染是来自住宅基地的污染,一般表现为楼宇层数越低,污染越重,地下室污染最严重。

（三）质量不合格的生活饮水

除烹饪、饮水以外,人们生活上有很多方面需要用水,例如清扫房间、淋浴、浇花、空气加湿、室内喷泉甚至空调机冷却等,而且这些水在使用时都可形成水雾,它们是粒径很小的颗粒物,很容易进入人体呼吸道。生活饮用水在净化、消毒过程中可能有各种副产品(例如氯化消毒的副产物)、管道的运输过程中可能使余氯消耗造成水中微生物含量增加;管道材料中化学物质的溶出;或者在贮水槽中再次被微生物污染或者微生物大量繁殖。这些物质可以伴随着喷雾形成的雾滴进入空气,再被吸入人体。

（四）人为带入家中

人们每天都要进出居室,容易将室外的各种污染物随身带入室内,特别是某些有职业暴露的工人,如果将工作服直接穿回家,则会把其生产环境中有害物质带回家中,例如苯、铅以及石棉等。

（五）邻居干扰

由于住宅小区内的建筑物比较集中,或者是因为建筑物结构的原因,邻居之间的干扰经常发生。例如,家用空调机大量的热气从室内散到室外,如果分体式空调的室外机安装位置不妥,紧靠邻居的窗口,其散发的热气就可能从窗口直接喷入邻居的室内,影响邻居家的室内温度,甚至通风换气;有的住户将抽油烟机的排烟管直接通往走廊,油烟就可沿着内走廊扩散入邻居家中;楼房内公用烟道或者排气的通道可能造成烟气的倒灌或者"串味",如果是厨房排烟道受堵,下层厨房排出的烟气可沿着排烟道进入上层住户的厨房内,造成上层住户急性 CO 中毒。而在这些干扰中影响最大的莫过于噪声,装修时电锯、电钻等发出的刺耳的噪声,朋友聚会时的嘈杂以及休息时间的音响等对邻居来说都是噪声。

二、室内建筑材料装修材料产生的污染

近年来兴起了装修热，生活水平提高了，居所已从简陋走向从美学角度审视自己的住宅，要求舒适、美观，但殊不知在进行不合理的装修和没有认清各类石材、涂料、板材等的品质就大量使用时，会在装修的同时带来后患，将污染引进家门。

一些不当之举，例如装顶棚，挂天花板，房屋周围镶嵌墙群，减小了室内的空间和人活动的场所，且有些材料是易燃的，存在不安全隐患。四周光滑的墙壁反射效应强，各种声音相互干扰形成了噪声、超声波和低频噪声。

不合格的建材会释放甲醛、苯、氨气、挥发性有机物等多种污染物。北京市化学物质毒物鉴定中心报道，北京市每年由建材引起室内污染事件多起，中毒达万人，故因装修而引起的室内污染，已引起人们关注，不可等闲视之。

建筑材料是建筑工程中所使用的各种材料及其制品的总称。建筑材料的种类繁多，有金属材料如钢铁、铝材、铜材；非金属材料如砂石、砖瓦、陶瓷制品、石灰、水泥、混凝土制品、玻璃、矿物棉；植物材料如木材、竹材；合成高分子材料，如塑料、涂料、胶粘剂等。另外还有许多复合材料。

装饰材料是指用于建筑物表面（墙面、柱面、地面及顶棚等）起装饰效果的材料，也称饰面材料。用于装饰的材料很多，例如地板砖、地板革、地毯、壁纸、挂毯等。随着建筑业的发展以及人们审美观的提高，各种新型的建筑材料和装饰材料不断涌现。人们的居住环境是由建筑材料和装饰材料所围成的与外环境隔开的微小环境，这些材料中的某些成分对室内环境质量有很大影响。例如，有些石材和砖中含有高本底的镭，镭可蜕变成放射性很强的氡，能引起肺癌。很多有机合成材料可向室内空气中释放许多挥发性有机物，例如，甲醛、苯、甲苯、醚类、酯类等。有人已在室内空气中检测出 500 多种有机化学物质，其中有 20 多种有致癌或致突变作用。这些物质的浓度有时虽不是很高，但在它们的长期综合作用下，可使居住在被这些挥发性有机物污染的室内的人群出现不良建筑物综合征、建筑物相关疾患等疾病。尤其是在装有空调系统的建筑物内，由于室内污染物得不到及时清除，就更容易使人出现这些不良反应及疾病。

下面介绍几种常用建筑材料和装饰材料对室内环境空气质量的影响，以及对人体健康的危害。

（一）无机材料和再生材料

无机建筑材料以及再生的建筑材料比较突出的健康问题是辐射问题。有的建筑材料中含有超过国家标准的 γ 辐射。由于取材地点的不同，各种建筑材料的放射性也各不同。调查表明，我国大部分建筑材料的辐射量基本符合标准，但也发现一些灰渣砖放射性超标。有些石材、砖、水泥和混凝土等材料中含有高本底的镭，镭可蜕变成氡，通过墙缝、窗缝等进入室内，造成室内空气氡的污染。

建材因产地不同放射性有很大差异，通常花岗岩、页岩、浮岩建材放射性高，沙

子、水泥、混凝土次之,石灰、大理石较石膏低,工业废渣制砖因富集放射性污染,故粉煤灰砖、磷石膏板放射性有所增强。

泡沫石棉是一种用于房屋建筑的保温、隔热、吸声、防震的材料。它是以石棉纤维为原料制成的。在安装、维护和清除建筑物中的石棉材料时,石棉纤维就会飘散到空气中,随着人的呼吸进入体内,对居民的健康造成严重的危害。

（二）合成隔热板材

隔热材料一般可分为无机和有机两大类。无机隔热材料中通常含有石棉,合成隔热板材是一类常用的有机隔热材料。主要的品种有聚苯乙烯泡沫塑料、聚氯乙烯泡沫塑料、聚氨酯泡沫塑料、脲醛树脂泡沫塑料等。这些材料在合成过程中的一些未被聚合的游离单体或某些成分,在使用过程中会逐渐逸散到空气中。另外,随着使用时间的延长或遇到高温,这些材料会发生分解,释放许多气态的有机化合物质,造成室内空气的污染。这些污染物的种类很多,主要有甲醛、氯乙烯、苯、甲苯、醚类、甲苯二异氰酸酯(TDI)等。例如,研究发现,聚氯乙烯泡沫塑料在使用过程中,能挥发 150 多种有机物。

（三）壁纸、地毯

装饰壁纸是目前国内外使用最为广泛的墙面装饰材料。壁纸装饰对室内空气质量的影响主要是壁纸本身的有毒物质造成的。由于壁纸的成分不同,其影响也是不同的。天然纺织壁纸尤其是纯羊毛壁纸中的织物碎片是一种致敏源,可导致人体过敏。一些化纤纺织物壁纸可释放出甲醛等有害气体,污染室内空气。塑料壁纸在使用过程中,由于其中含有未聚合的单体以及塑料的老化分解,可向室内释放各种有机污染物,如甲醛、氯乙烯、苯、甲苯、二甲苯、乙苯等。

地毯是另一种有着悠久历史的室内装饰品。传统的地毯是以动物毛为原材料,手工编制而成的。目前常用的地毯都是用化学纤维为原料编制而成的。用于编制地毯的化纤有聚丙烯酸胺纤维（锦纶）、聚酯纤维（涤纶）、聚丙烯纤维（丙纶）、聚丙烯腈纤维（腊纶）以及敷胶纤维等。地毯在使用时,会对室内空气造成不良的影响。纯羊毛地毯的细毛绒是一种致敏源,可引起皮肤过敏,甚至引起哮喘。化纤地毯可向空气中释放甲醛以及其他一些有机化学物质如丙烯腈、丙烯等。地毯的另外一种危害是其吸附能力很强,能吸附许多有害气体如甲醛、灰尘以及病原微生物,尤其纯毛地毯是尘螨的理想滋生和隐藏场所。

（四）人造板材及人造板家具

人造板材及人造板家具是室内装饰的重要组成部分。人造板材在生产过程中需要加入胶粘剂进行粘接,家具的表面还要涂刷各种油漆。这些胶粘剂和油漆都含有大量的挥发性有机物。在使用这些人造板材和家具时,这些有机物就会不断释放到室内空气中。含有聚氨酯泡沫塑料的家具在使用时还会释放出甲苯二异氰酸酯(TDI),造成室内空气的污染。例如,许多调查都发现,在布置新家具的房间中可以检测出较高浓度的甲醛、苯等几十种有毒化学物质。居室内的人群长期吸入这些物质后,可对呼吸系统、神经系统和血液循环系统造成损伤。另外,人造板家具中有的还加有防腐、防蛀剂,如五氯苯酚,在使用过程中这些物质也可释放到室内空气中,造成室内空气的污染。

（五）涂料

涂敷于表面与其他材料很好粘合并形成完整而坚韧的保护膜的物料称为涂料。在建筑上涂料和油漆是同一概念。涂料的组成一般包括膜物质、颜料、助剂以及溶剂。涂料的成分十分复杂,含有很多有机化合物。成膜材料的主要成分有酚醛树脂、酸性酚醛树脂、脲醛树脂、乙酸纤维素剂、过氧乙烯树脂、丁苯橡胶、氯化橡胶等。这些物质在使用过程中可向空气中释放大量的甲醛、氯乙烯、苯、酚类等有害气体。涂料所使用的溶剂也是污染空气的重要来源。这些溶剂基本上都是挥发性很强的有机物质。这些溶剂原则上不构成涂料,也不应留在涂料中,其作用是将涂料的成膜物质溶解分散为液体,以使之易于涂抹,形成固体的涂膜。但是,当它的使命完成以后就要挥发在空气中。因此涂料的溶剂是室内重要的污染源。例如刚刚涂刷涂料的房间空气中可检测出大量的苯、甲苯、乙苯、二甲苯、丙酮、醋酸丁酯、乙醛、丁醇、甲酸等50多种有机物。涂料中的颜料和助剂还可能含有多种重金属,如铅、铬、汞、锰以及砷、五氯酚钠等有害物质,这些物质也可对室内人群的健康造成危害。

（六）胶粘剂

胶粘剂主要分为两大类:天然的胶粘剂和合成的胶粘剂。胶粘剂在建筑、家具的制作以及日常生活中都有广泛的应用。天然胶粘剂中的胶水有轻度的变应原性质,合成胶粘剂对周围空气的污染是比较严重的。这些胶粘剂在使用时可以挥发出大量有机污染物,主要种类有酚、甲酚、甲醛、乙醛、苯乙烯、甲苯、乙苯、丙酮、二异氰酸盐、醋酸乙烯酯、环氧氯丙烷等。长期接触这些有机物会对皮肤、呼吸道以及眼粘膜有所刺激,引起接触性皮炎、结膜炎、哮喘性支气管炎以及一些变应性疾病。

（七）吸声及隔声材料

常用的吸声材料包括无机材料如石膏板等;有机材料如软木板、胶合板等;多孔材料如泡沫玻璃等;纤维材料如矿渣棉、工业毛毯等。隔声材料一般有软木、橡胶、聚氯乙烯塑料板等。这些吸声及隔声材料都可向室内释放多种有害物质,如石棉、甲醛、酚类、氯乙烯等,可造成室内人员闻到不舒服的气味,出现眼结膜刺激、接触性皮炎、过敏等症状,甚至更严重的后果。

由此可见,建筑材料和装饰材料都含有种类不同、数量不等的污染物。其中大多数是具有挥发性的,可造成较为严重的室内空气污染,通过呼吸道、皮肤、眼睛等对室内人群的健康产生很大的危害。另有一些不具挥发性的重金属,如铅、铬等有害物质,当建筑材料受损后,剥落成粉尘后也可通过呼吸道进入人体,甚至因儿童用手抠挖墙面而通过消化道进入人体内,造成中毒。随着科技水平和人民生活水平的进一步提高,还将出现更多的建筑材料和室内装饰材料,会出现更多新的问题,应引起充分的重视。

三、日用化学品污染

人们生活水平提高,众多的日用化学品走进家庭,方便了生活,但劣质的产品带来了室内污染,影响了人体健康。

家用化学产品所带来的室内空气污染最突出的问题是,家庭常用的有些物品和材料中能释放出各种有机化合物,如苯、三氯乙烯、甲苯、氯仿和苯乙烯等,或者其本身含有害有毒物质(如铅、汞、砷等),对健康带来危害。

(一)主要的家庭日用化学品

在现代家庭生活中,几乎不可避免地要使用各种化学产品,除了上述室内装饰材料以外,家用化学品还包括以下几种。

1.洗涤产品,例如合成洗涤剂、漂白粉、柔顺剂、上蓝剂、上浆剂等。

2.清洁产品,包括厨房器具清洁剂,地毯清洁剂,皮、毛料服装的干洗剂,玻璃、陶瓷、瓷器清洁剂,贵金属和铜等清洁剂,厕所清洁剂,去污粉等。

3.染料脱色剂。

4.抛光产品,例如家具擦光剂、地板擦光剂、汽车擦光剂等。

5.化妆品,包括美容修饰类(如口红、眉笔、眼影、粉饼等),护肤类(如各种雪花膏、润肤露、早晚霜等),发用类(如洗发香波、调理剂等),香水以及具有染发、烫发、健美、防晒等特殊功能性的化妆品。

6.皮毛和皮革保护剂,如樟脑、卫生球和防虫蛀剂等。

7.家用气溶胶,如各种喷雾发胶、喷雾卫生杀虫剂、空气清新剂等。

8.家用农药和化肥,在家中、庭院、花园等处常常会使用各种适于家用的农药、卫生杀虫剂、灭鼠剂、除草剂、化肥等。

9.医药品,这是一类家用普通备用的、极其特殊的化学品,据国外报道,医药品常是儿童误服、误用事故的重要来源。

10.其他,例如染料、蜡烛、代用粘土、除臭剂、消毒剂等,在上述未涉及的各种有关产品。

(二)家庭日用化学品的污染

1.化妆品

一些劣质化妆品中含 Pb、Hg 等重金属、色素、防腐品,化妆品中含有动、植物油,容易酸败、发酵变质。化妆品的原料多达 2500 种,合成香料中有醛类系列产品,对皮肤刺激性大,各种化学物质造成对皮肤的损害是迟发型变态反应,原料中的香精、防腐剂引起皮炎,香精中的茉莉花油、羟基香草素、衣兰油、重金属均会引起皮肤病,其挥发出的各类有机物,污染着室内空气。

2.其他日用化学品

室内使用的清洁剂、洗涤剂、杀虫剂、除臭剂,主要含挥发性有机物,会对人体造成伤害,另外化学洗涤剂有腐蚀性,灼伤皮肤,若残留在餐具上,食入后会致病,并使舌头粗糙、味觉感减弱。各化学品的组成见表1-1。

表 1-1　各种化学品的组成

化学品名称	组成
液体清洁剂	磷酸盐、VOC、芳香烃(甲苯、对二甲苯、二氯苯)
固体清洁剂	卤代烃、醇、酮、酯
杀虫剂	硫、氧化钙、VOC、脂肪烃、二甲苯、芳香烃、对二氯苯
杀真菌剂	硫、磷化合物、VOC
除臭剂	丙烯基乙二醇、乙醇

四、厨房产生的污染

人们在采暖、烹饪中使用煤、天然气、液化石油气、煤气等为燃料,在燃料燃烧和炒菜产生的油烟中,含有 CO、CO_2、NO_x、SO_2 等气体及未完全氧化的烃类——羟酸、醇、苯并呋喃及丁二烯和颗粒物。由于国内没有对液化石油气等气体燃料进行使用前的净化处理,加之现使用的灶具质量大都不过关,故燃烧中产生的废气量往往高于设计中的规定,而造成室内污染物往往是室外的几倍至几百倍。

江苏省卫生防疫站对民用新型燃料在燃烧时所产生的有害气体的污染程度进行了测定,结果表明,燃烧 120min 后,通风条件下,室内甲醇和甲醛平均浓度分别为 $3.91mg/m^3$ 和 $0.1mg/m^3$,不通风条件下分别为 $11.78mg/m^3$ 和 $0.49mg/m^3$。使用煤气燃烧源会产生 SO_x、NO_x、CO_2、CO 及油雾等污染物质。

(一)室内燃料燃烧产生的污染

目前我国常用的生活燃料有以下几种:固体燃料主要是原煤、蜂窝煤和煤球,用于炊事和取暖;气体燃料主要有天然气、煤制气和液化石油气,气体燃料是我国城市居民的主要家用燃料。另外,少数农村地区,还有使用生物燃料作为家庭取暖和做饭的燃料。

气体燃烧的种类不同,其主要成分和燃烧产物也不相同。但总的来说气体燃烧的污染较轻,对健康产生危害的燃烧产物是 CO、NO_x、甲醛和颗粒物。

1.煤

我国是产煤大国,也是耗煤大国。燃煤的方式可以分为原煤和型煤(包括蜂窝煤和煤球)燃烧。20 世纪 80 年代中后期仅城乡居民生活用煤量就在 2 亿吨以上,而且相当部分是原煤燃烧,部分农村甚至在室内堆煤燃烧,或用地炉等开放方式烧煤,因此造成室内严重的空气污染。煤的燃烧伴有各种复杂的化学反应,如热裂解、热合成、脱氢、环化及缩合等反应,产生不同的化学物质,其主要组分可以分为

7 大类。

（1）碳氧化合物　主要是 CO 和 CO_2。在供氧不足时，是进行贫氧燃烧，其主要产物是 CO；在供氧充足时，碳化物几乎全部生成 CO_2。在实际燃烧时，总有局部供氧不足，因此总会有 CO 生成。

（2）含氧类烃　煤燃烧时，碳化物结构发生断链，一些不饱和烃与氧结合，形成脂肪烃、芳香烃、醛和酮等，其中以醛类对人体危害最大。

（3）多环芳烃　一些不挥发的碳化物，通过高温燃烧合成多环芳烃及杂环化合物，其中苯并[α]芘均有较强的致癌性。

（4）硫氧化合物　这类化合物是煤中杂质硫的燃烧产物，主要有二氧化硫（SO_2）、三氧化硫（SO_3）、亚硫酸（H_2SO_3）、硫酸（H_2SO_4）及各种硫酸盐，它们对环境、动植物和人类健康的危害极大，也是造成我国许多地区酸雨的主要物质。

（5）氟化物　我国有 14 个省、市、自治区的部分煤矿可生产高氟煤，其含氟量一般在 200~2000mg/kg。燃烧时氟在空气中迅速反应生成 HF、SiF_4 等气态化合物，然后再与空气中的其他元素形成各种氟酸盐、氟硅酸盐。在燃煤型氟病区，居民以高氟煤为燃料做饭、取暖，可使空气中氟浓度高达 0.016~0.590mg/m³，超过日平均容许浓度的 2~84 倍。此外，高寒潮湿地区的居民，还在室内燃煤烘烤粮食和蔬菜，烘烤后的粮食和蔬菜中氟化物可增加数倍至百余倍，居民经食物摄入的氟大大超过了 WHO 推荐的每日摄氟量 2mg 的标准，也超过了我国 3.5mg 的规定。

（6）金属和非金属氧化物　煤中含有砷、铅、镉、铁、锰、镍、钙等多种金属和非金属，燃烧时可生成相应的氧化物，其中大多数氧化物不但具有极强的毒性，而且具有致癌性。例如砷、铅、镍等化合物，已被国际肿瘤组织公布为致癌物。在我国贵州省部分地区，居民用自采的高砷煤（病区煤中平均砷含量为 876mg/kg，最高可达9600mg/kg）在室内没有烟囱的火炉上做饭取暖，污染了室内的空气和食物，室内空气中含砷量，厨房高达 0.43mg/m³ 左右，客厅、卧室为 0.072~0.23mg/m³，室内贮存的蔬菜、粮食中含砷量为 0.1~1.3mg/kg，其中辣椒高达 52.2~1090mg/kg，居民通过呼吸道和消化道摄入过量的砷化物造成砷中毒。

（7）悬浮颗粒物　燃烧时产生的颗粒物质，可以吸附很多有害物质，它们粒径很小，可以直接沉积在人的呼吸道，危害人体健康。

除前面提到的燃烧高砷或高氟煤可致砷、氟中毒外，燃煤产生的污染物还可以引起肺癌。现已证实，我国云南宣威肺癌的高发，就是由于在室内燃煤，且无烟囱，从而造成室内大量的致癌物污染。这些污染物主要是苯并[α]芘等多环芳烃类物质。

2. 煤制气

煤制气又称煤气，俗称管道煤气，是由原煤制出气体可燃成分，用管道送达用户。煤气的组成是，一氧化碳和氢气，以及少量的氮气和甲烷等。一般说来，煤制气的主要燃烧产物是 CO 和 CO_2，还会产生 NO_x 和颗粒物。如果在制气过程中脱硫不充分,则燃烧产物中会有一定量的 SO_2。此外,煤气本身就是有毒的,煤气管道渗漏会给家庭和个人的安全带来隐患。

3.液化石油气

液化石油气的成分主要是 3～5 个碳的链烃,例如丙烷、丙烯、正丁烷和异丁烯等,其成分可因产地不同而异,在常温常压下呈气态,但加压或冷却后很容易液化。它的燃烧产物中 SO_2 很少,颗粒物浓度也很低,但 NO_x 通常较高,CO 和甲醛也较多。液化石油气的燃烧颗粒物是燃烧不完全产物,其中可吸入颗粒物占 93％ 以上,而且颗粒物中还含有大量的直接和间接的致突变物质,潜在的致癌性更强。

4.天然气

天然气是多种气体的化合物,主要为甲烷,按体积计算其约占 80％～90％,多的可以达到 98％。天然气燃烧比较完全,污染很轻,但也会有一氧化碳和二氧化氮产生。来自煤层的天然气往往含有一定的硫化物,故燃烧物中仍有一定量的 SO_2 产生,来自石油的天然气成分与液化石油气相似。据报道,我国吉林省某油田附近,直接燃用石油天然气的居民家庭室内甲醛和 NO_x 可以达到 $0.265mg/m^3$ 和 $0.872mg/m^3$,并导致居民有眼睛刺激和不舒服的感觉。

5.生物燃料

生物燃料主要指木材、植物秸秆及粪便(主要指大牲畜如牛、马、骆驼等的干粪)。世界上约 1/2 的人口使用生物燃料作为家庭取暖和做饭的能源,特别是在发展中国家的农村更是如此。与矿物燃料相比,生物性燃料含有大量的有机物,燃烧时产生的悬浮颗粒和有机污染物较多,含有多种致癌物和可疑致癌物,如苯并[α]芘等多环芳烃物质,还有一氧化碳和甲醛等气态污染物。归纳起来,生物燃料燃烧的主要污染物有悬浮颗粒物、碳氢化合物和一氧化碳等。悬浮颗粒物是燃烧不完全所产生的一种混合物。接触生物燃料的烟气对健康的危害程度类似接触烟草烟雾。

(二)烹调油烟产生的污染物

烹调油烟是食用油加热后产生的,通常炒菜温度在 250℃ 以上,油中的物质会发生氧化、水解、聚合、裂解等反应,随沸腾的油挥发出来。烹调油烟是一组混合性污染物,约有 200 余种成分。据分析,烹调油烟的毒性与原油的品种、加工精制技术、变质程度、加热温度、加热容器的材料和清洁程度、加热所用燃料种类,烹调物种类和质量等因素有关。

烹调油烟中含有多种致突变性物质,它们主要来源于油脂中不饱和脂肪酸和高温氧化与聚合反应。研究认为,菜油、豆油含不饱和脂肪酸较多,具有致突变性;猪油含量少,则无致突变性。由于我国习惯上采用高温油烹调,而且随着生活水平的提高,食用油的消耗量不断上升,所以,应对烹调油烟的危害性引起重视。

五、家用电器污染

自 20 世纪 70 年代末,家电开始走入家庭,至今电视、电话、空调、热水器、电冰箱、洗衣机、微波炉、计算机、收录机等已成为每个家庭不可缺少的物品,家电在给家庭带来方便、快捷和乐趣的同时,也产生了对室内环境的不良影响,长期接触会使人患家电综合征。

(1)电视机、微机荧光屏产生电磁辐射,长时间看屏幕可使视力降低、视网膜感光功能失调、眼睛干涩、引起视神经疲劳,造成头痛、失眠。

屏幕表面和周围空气由于电子束存在而产生静电,使灰尘、细菌聚集附着于人的皮肤表面而造成疾病。

电视机、电脑的荧光屏在高温作用下可产生一种叫溴化二苯并呋喃的有毒气体,这种气体具有致癌作用。

(2)电锅、烤箱、微波炉等烹饪家电,都是较强辐射源,能使电视屏幕图像受到干扰。部分微波炉密闭不严,会有微波泄漏出来,对人体造成伤害,且离微波炉越近,微波强度就越高,危害也就越大。微波对人的危害主要表现在神经衰弱综合征、头昏、头痛、乏力、记忆力减退。

环境电磁波的主要辐射源,一是自然界电磁场,它来源于太阳的辐射以及地球电磁场、雷电等。二是人工辐射源。调频广播和电视发射天线,是目前城市环境中电磁波的主要辐射源。

(3)各种家用电器在使用时均产生噪声,冰箱为 $30\sim40dB$,电吹风 $80dB$,洗衣机 $40\sim80dB$,电视 $65dB$,这些全部超过人的接受能力,长期使用会使人情绪低、易烦躁,精神受到损伤。

(4)洗衣机使用时发出次声波,即小于 $20Hz$ 的声波,有较强的穿透能力,当次生波的振荡频率与人的大脑、心脏节律相近而引起共振时,能强烈刺激大脑,轻者恐惧,重者昏厥。

(5)使用空调机可调节室内的温度、湿度、气流,但在使用时关闭了门窗,为了节能而很少或根本不引进新风量,故因人员的活动及室内装修产生的污染及致病的微生物等不能及时清除,而逐渐在室内聚集,造成污染,致使人感到烦闷、乏力、嗜睡、肌肉痛、感冒发生率高、工作效率低、健康状况明显下降。

另外,空气中的负离子具有良好的健康效应,被誉为"空气中的维生素"。而在使用空调时,室外空气通过空调机的风道时,因与管壁碰撞,其中的负离子被吸附或中和而损失掉。当空调在过滤灰尘和细菌的同时,也吸附了部分空气负离子。空调系统闭路循环时,如不引进新风,负离子损失更为严重。这几方面原因导致长时间空调的使用会使室内空气质量恶化。

(6)燃气热水器造成室内 CO、CO_2 的污染,在燃烧时还能产生 NO_x、SO_2 等污染物。热水器在安装不当、质量不过关时,可,造成室内严重污染以致人死亡。故要买质量过关的热水器,燃气热水器要安装于浴室外,并保持室内空气适度流通。

(7)电话机的细菌污染可直接侵害人的呼吸系统,加湿器中的细菌可随水气散发到室内空气中,空调系统中的冷却水潜藏着的军团菌可随空气传播。洗衣机中的细菌可污染被洗的衣物,故应定期清除家电中的灰尘、微生物,尤其在细菌容易滋生的地方。

六、室内人群活动产生的污染

人体活动中,由人体的新陈代谢带来的污染、吸烟导致的烟雾、饲养宠物、湿霉的墙体、不清洁的居室及烹饪、取暖、使用化学日用品等造成的污染都属人为污染之列。

(一)吸烟

吸烟是室内污染物的重要来源之一,吸烟产生的烟雾中成分复杂,有上千种的化合物以气态、气溶胶状态存在,其中气态物质占 90%以上,而其中很多是致癌、致畸、致突变的物质。其中有无机气体(CO_2、CO、NO_x)、金属(Fe、Cr、Cu、Cd、Zn等)颗粒物、放射性污染物、VOC。其中 VOC 包括多环芳烃、杂环化合物、醌、酚、醛类、酮、酸,这些可通过酶代谢产生更大量的超氧阴离子,在体内形成更多的化合物。另外脂肪类有机物具有自氧化作用,不需任何生物活性系统,不需通过酶的代谢,可产生大量活性自由基,并在金属作催化剂下,产生加合物造成其他形式损伤。气溶胶状态物质主要成分是焦油和烟碱(尼古丁),每支香烟可产生 0.5~3.5mg尼古丁。焦油中含有大量的致癌物质,如多环(3-8 环)芳烃、砷、镉、镍等。

(二)人的生理活动

科学家经过研究发现,人体的气味是在人体新陈代谢过程中所产生的。人体内大量代谢废弃物主要通过呼出气、大小便、汗液等排出体外。

人在室内活动,会增加室内温度,促使细菌、病毒等微生物大量繁殖,特别是在一些中小学校更加严重。人体在新陈代谢过程中产生大量的化学物质,共计 500余种,其中从呼吸道排出的有 149 种,如二氧化碳、氨等。让一个人在门窗紧闭的$10m^2$ 的房间内看书,3h 后检测发现,二氧化碳增加了 3 倍,氨增加了 2 倍。故紧闭门窗的时间越长,室内二氧化碳浓度越高。而高浓度的二氧化碳会使人头昏脑涨、疲乏无力、恶心、胸闷,读书学习不能专心。

1. 人体呼吸作用

如果 4 个人在 $12m^2$ 窗紧闭的房间里 8h,则室内空气中二氧化碳的浓度即可达 5%,而一般空气中二氧化碳的浓度仅 0.04%,这种状况可使室内的人窒息,甚至危及生命。若是室内有人抽烟、呼吸道传染病患者、带菌者通过吐痰、咳嗽、打喷嚏等,则空气中的污染物会更多,其病原体随飞沫喷出,污染室内空气,例如流感病毒、结核杆菌、链球菌等。

在空气流通的场所中,人体代谢废物一般会迅速消散,故人们感觉不出有任何异常。但在人多拥挤的影剧院、百货商场、集贸市场里,当不通风或通风不畅时,人体代谢废物就会逐渐积聚弥漫,令人憋气难受。

2.皮肤代谢作用

皮肤为人体器官之最,它包括毛发、指甲、皮脂腺、汗腺等附属器官。通常,一个成年人全身皮肤的总面积为$1.5\sim2.0m^2$。据计算,成年东方人的皮肤重量占体重的10%以上。皮肤作为人体最大的器官,也是最大的污染源,经它排泄的废物多达271种,汁液151种。这些物质包括二氧化碳、一氧化碳、丙酮、苯、甲烷等。英国科学家曾对室内尘埃进行了测定,发现尘埃中90%的成分竟是人体皮肤脱落的细胞。皮肤外面的一层是表皮,平时,它不断地在死亡,也不断地从表皮的内层新生出来,死亡后脱落下的表皮外层,就是皮屑。就这样全身的表皮经过27天左右就会全部换上一件"新衣"。科学家测算的结果是:人的一生中约有18kg的皮肤要以碎屑的形式脱落下来。其次,还有大量的毛发、头皮屑等脱落废物。另外,皮脂腺的分泌物等,皆从皮肤散发到室内空气中,造成空气污染。

3.饲养宠物

宠物身上的寄生虫,直接诱使人体发病,其代谢产物、毛屑都含有真菌、病原体,不仅能直接传染疾病,且污染环境,使室内有特殊的臭味。皮屑、皮毛和抖起的尘埃,会使人直接吸入体内产生病源而致病。

任务二　判断室内主要污染物

知识链接

室内主要污染物及其危害

室内空气污染物的种类、数目繁多,室内环境污染按照污染物的性质分为三大类。

第一大类——物理污染物:主要来自室外及室内的电器设备产生的噪声、光和建筑装饰材料产生的放射性污染等;

第二大类——化学污染物:主要来自装修、家具、玩具、煤气热水器、杀虫喷雾剂、化妆品、吸烟、厨房的油烟等;

第三大类——生物污染物:主要来自寄生于室内装饰装修材料、生活用品和空调中产生的螨虫及其他细菌等。

一、物理性污染物

室内物理污染包括噪声污染、光污染及放射性和电磁辐射污染等。下面主要介绍有关室内的放射性污染。

（一）石材放射性

1.石材放射性的产生

各种石材由于产地、地质结构和生成年代不同，其放射性不同。经检测，石材中的放射主要是镭、钍、钾三种放射性元素在衰变中产生的放射性物质。如可衰变物质的含量过大，即放射性物质的比活度过高，则对人体是有害的。从国家质量技术监督局对石材的抽查结果来看，花岗岩放射性较高，超标的种类很多，另外，大理石放射性结果检验基本合格。

2.放射性的危害

天然石材中的放射性危害主要有两个方面，即体内辐射与体外辐射。体内辐射主要来自于放射性辐射在空气中的衰变而形成的一种放射性物质氡及其子体。氡在作用于人体的同时会很快衰变成人体能吸收的核素，进入人的呼吸系统造成辐射损伤，诱发肺癌。统计资料表明，氡已成为人们患肺癌的主要原因，美国每年因此死亡的达 5000～20000 人，我国每年也约有 50000 人因氡及其子体致肺癌而死亡。另外，氡还对人体脂肪有很高的亲和力，从而影响人的神经系统，使人精神不振，昏昏欲睡。体外辐射主要是指天然石材中的辐射体直接照射人体后产生一种生物效果，会对人体内的造血器官、神经系统、生殖系统和消化系统造成损伤。

为了保护广大消费者的身心健康，发展我国的石材事业，国家建材局会同卫生部于 1993 年制定了《天然石材产品放射性防护分类控制标准》。按天然石材的放射性水平，把天然石材产品分为 A、B、C 三类。

①A 类产品，该类产品使用范围不受限制；

②B 类产品，该类石材产品不可用于家居装饰，但可用于其他一切建筑物的内、外饰面；

③C 类产品，该类产品只可用于建筑物的外饰面；

④放射性比活度大于 C 类控制值的石材产品，只可用于海堤、桥墩及碑石等其他用途。

二、化学性污染物

主要的化学性污染物种类及来源和危害见表 1-2。

表 1-2　室内主要化学污染物及来源和危害

污染物	来源	危害
甲醛	来自室外，建筑材料如各种板材、油漆、塑料等，尿素-甲醛泡沫绝缘材料等	已经被世界卫生组织确定为致癌和致畸形物质。长期接触低剂量甲醛可引起呼吸道疾病

（续表）

污染物	来源	危害
苯	油墨、涂料及橡胶的溶剂，装饰材料、人造板家具中的胶粘剂，空气消毒剂和杀虫剂的溶剂	急性中毒主要影响中枢神经系统，慢性中毒会出现造血功能被破坏，严重时可导致再生障碍性贫血。是人类已知的致癌物
乙苯	与苯乙烯相关的制成品、合成聚合物、图文传真机、电脑终端及打印机、家具抛光剂、地毯胶粘剂等	乙苯可经消化道、呼吸道及皮肤吸收，皮肤可吸收少量
甲苯	溶剂、香水、染料、油漆、地毯、封边剂、墙纸等	进入体内被代谢过程中会对神经系统产生危害
二甲苯	溶剂、染料、杀虫剂、聚酯纤维、墙纸、嵌缝化合物、石膏板、地毯胶粘剂、乙烯基（塑料）地砖	可经呼吸道、皮肤及消化道吸收，在体内分布以脂肪组织和肾上腺中最多，是种麻醉剂，影响神经系统
氨	混凝土外加剂、家具涂饰时所使用的添加剂和增白剂、烫发剂	对人体的上呼吸道有刺激和腐蚀作用，被吸入肺后破坏运氧功能
臭氧	室外的光化学烟雾、电视机、激光印刷机、负离子发生器、紫外灯	刺激和损害中枢神经系统，刺激眼睛，还能阻碍血液输氧功能
可吸入颗粒物	室外、燃料燃烧、吸烟	影响呼吸系统，附着各种微生物

三、生物性污染物

（一）生物性污染物及危害

室内生物性污染主要可分为生物性过敏原，细菌、病毒等病原微生物及真菌毒素的污染危害三类。对人体危害较大、研究较多的是前两种。

生物性过敏原指能引起人体发生过敏性变态反应的一类物质。其中主要是尘螨、真菌、细菌和花粉等室内的空气微生物，诱发人体出现过敏性变态反应，产生过敏性肺炎、过敏性鼻炎等呼吸道过敏症和哮喘等疾病。

室内传染性病原微生物的污染主要指各种细菌、病毒、衣原体、支原体等对室内空气的污染。这类疾病在人群中有一定的传染性，传染源一般包括病人、病原携带者和受感染的动物。传染病病人，常常是最重要的传染源。因为病人体内存在大量病原体，而且具有某些症状如咳嗽、气喘、腹泻等，更有利于其向外扩散；同时室内环境空间有限，空气的流通不畅，室内空调的不合理配置和使用，均可能使病原体的室内浓度增加，使人群在室内被感染的机会明显大于室外。如2003年北京出现的非典型肺炎的传染，主要传染源就是病人。因此对病人、可疑病人和密切接触者采取果断的隔离控制措施对控制疫情的发展非常重要。

目前与室内传染性病原微生物的污染关系密切的疾病主要是军团菌病及支原体肺炎等。1976 年 7 月,在美国费城的宾州地区举行的美国退伍军团代表年会上,到会的 4400 人中有 149 人在会后 10 天内因感染细菌陆续发病,并有 29 人死亡,病死率近 20%。从此,该细菌就被命名为军团菌。由此菌引起的病称为军团菌病。

军团菌病近年来在我国城市的一些大厦、写字楼和居民家庭室内屡有发生,主要与室内的空调系统污染有关。有研究显示,北京市空调系统军团菌的检出率达50%以上,因此在我国军团菌病的预防和控制是个值得引起重视的问题。

(二)生物污染的来源和产生

1.生活垃圾带来的生物污染。室内堆放生活垃圾的地方,空气中细菌和真菌的浓度很高,真菌在大量繁殖过程中会散发出特殊气味,使人产生厌烦感。

2.家用电器(电磁辐射)和现代化办公设备产生的污染。空调房间中,门窗封闭严紧,人体、室内空气和空调机形成了一个与外界隔离的循环系统,新空气量补充不足的情况下易使室内温度升高,使细菌等微生物大量繁殖。

3.室内花卉产生的污染。研究资料表明,有些植物和花卉是不宜在室内摆放的,会使人产生呼吸不畅、憋气、郁闷不适、皮肤过敏等症状。

4.宠物污染。家中饲养的猫狗等也容易造成细菌、真菌等的生物污染。

5.室内装饰与摆设的污染。室内铺设的各种地毯及墙上贴的各种壁纸,是螨虫和细菌的滋生地。

任务三　室内环境舒适度的判定

 知识链接

室内环境舒适度的影响因素

一、日照

居室日照是指通过居室的门窗进入居室的直接阳光照射。阳光作用于机体可以增强各个系统的机能(例如免疫力、新陈代谢和组织再生能力),促进机体生长发育,并使人感觉舒服,提高学习和工作效率;阳光中的紫外线具有抗佝偻病作用和杀菌作用。由于直射阳光有提升室温的作用,在炎热地区的夏、秋季节过多的室内日照可能造成室内过热。

为了充分利用阳光的良好作用,保证居室有适宜的日照,应规定冬季居室的最小日照时数和日照面积。一般认为北方寒冷地区冬季南向居室至少应有 3h 日照(其他朝向还要多)。或者冬至日满窗日照应不低于 1h,一般常用冬季最小日照时数表示,即指冬季太阳高度角最小时(冬至前后)居室所需的最低日照时数。最低日照时数一般是根据日光对室内细菌的灭杀作用和抗佝偻病作用、当地的光气候和居民患病率确定的。夏季则应考虑减少日照,防止室内过热。

二、采光和照明

太阳的可见光和人工光源的可视部分可通过视觉分析器影响大脑皮质,从而影响全身各系统,使机体保持生活活动的正常化和觉醒状态的周期变化。因此,合理的采光和照明对机体具有良好的作用,使视觉机能和神经系统处于舒适状态,提高工作效率;反之,可造成视觉机能的过度紧张,以至于全身疲劳。长此以往,可能促成近视的发生。

(一)采光

要满足视觉功能的生理要求,居室的自然照度至少应为 75lx。室内自然采光状况,常用窗地面积比值、折射角与开角和采光系数等来表示。

1. 窗地面积比值

窗地面积比值(Ac/Ad)指直接天然采光口的窗玻璃面积与居室室内地面面积之比。根据我国 GB50096—1999 制定的标准,一般单层钢窗住宅内主室的 Ac/Dc 应不小于 1/7,窗口上沿离地面不宜低于 2m,离地面高度低于 0.5m 的窗面积不应计入;高寒积雪区的窗面积可适当减半。

2. 投射角与开角

投射角是指室内工作点与采光口上缘的连线和水平线所成的夹角。投射角不应小于 27°,如果采光口附近有遮光物,还需规定开角的要求。开角是室内工作点与对侧室外遮光物上端的连线和工作点与采光口上缘连线之间的夹角。开角不应小于 4°。窗地面积比值与投射角未考虑当地的光气候和采光口的方向等重要因素,所以它们是概略指标。

3. 采光系数

又称自然度系数,是指室内工作水平面上(或距离窗 1m 处)散射光的照度与同时室外空旷无遮光物地方接受整个天空散射光(全阴天,见不到阳光,但不是雾天)的水平面上照度的百分比(%)。采光系数能反映当地的光气候、采光口大小、位置、朝向的情况,以及室外遮光物等有关影响因素,所以是比较全面的客观指标。一般要求主室内的最低值不应小于 1%,楼梯间不应小于 0.5%。

室内采光在靠近窗户处的照度最大,离窗 2～2.5m 处照度显著降低,紫外线的量也逐渐减少,在距离窗口 4m 的地方仅为室外紫外线的 1/60～1/50,阳光的杀菌和抗佝偻病作用也减弱。因此居室的进深不宜过大。窗户越高,即窗户的上缘距离天花板越近,直射光和散射光越容易深入室内。

(二)照明

1.居室照明的卫生要求

(1)照度足够　人工照明的照度根据要满足视觉机能(主要有对比感度、视敏度、识别速度和明视持久度)的需要来确定的。即打开电源后,正常情况下人的视力在很短的时间内能清晰地分辨出被识别物体的大小和形态。研究发现,照度在100lx时基本上能够满足上述视觉机能的要求。人工照明的照度标准因视力工作精细程度和持续时间而异,因此居室内照度的标准或要求也因其功能而异。国家住宅与居住环境工程中心组织制定的《健康住宅建设技术要点》(2002年修订版),参考国外的有关标准,在我国《民用建筑照明设计标准》(GBJ133-90)的基础上提出了我国的住宅照度标准。

(2)照度稳定、分布均匀　要求人工照明的光源稳定,不晃动,在工作面上尽量不出现阴影。整个室内最暗和最亮点之比应大于 0.25;反之,如果光源照度不稳定,工作面时亮时暗,或分布不均,工作面出现浓密阴影,容易引起疲劳。

(3)避免炫目　光源的强度要适宜,要求观标(被测物)不产生反光、视野中不出现发光体或光源为宜。

(4)光谱组成应接近昼光　人的视力已经习惯于昼光,因此要求人工光源的光谱应尽可能接近昼光光源。

2.光污染及其危害

(1)光污染　所谓光污染是指那些对视觉机能和人体有害的光,包括"白色污染"(商店和建筑物用大块镜面或铝合金装饰的外墙、玻璃幕墙等形成的光污染)和"人工白昼"现象(像酒店、商场和娱乐场所的广告牌、霓虹灯等强光射向天空所形成的光污染)。居住区室外道路、广场、绿地、标志、建筑小品等的照明,如果其光线射入住宅室内,或者在住宅窗户上产生的垂直照度过高的灯光或者设在居住区内的霓虹灯广告以及住宅附近的玻璃幕墙和白色墙面的反射光也可能造成住宅室内光污染。室内照明设计或者灯具选择安装不合理也可以造成室内光污染。

(2)光污染的危害　强烈日光照射下,白色粉刷面和镜面玻璃的反射系数远高于草地树林以及深色或毛面砖石装饰的建筑物,如果其作用超过了人体所能承受的能力,就可能导致人眼角膜和虹膜的损伤,引发视力下降,增加白内障发病率等等。德国的一项调查表明,有 2/3 的人认为"人工白昼"影响健康,84%的人反映影响睡眠,这可能与光污染的刺激使人体生物钟混乱有关。不断闪烁、五颜六色的霓虹灯看上去虽然赏心悦目,但却是一种有害的眩光;夜间打开远光灯行驶的车辆,其眩光污染更加严重,影响人的视觉,甚至导致发生交通事故。

除了对人体的直接危害,光污染对人体还有一种特殊形式损害,即"视觉污染"。视觉污染是指通过人们的视觉看到的环境和景观,使人感到刺目生厌、烦恼不舒服。例如,现代歌舞厅的各种灯具有阴影、炫目、光源闪动不稳定、光线强烈刺眼、令人眼花缭乱的特点,对眼睛有直接的刺激作用,易造成视力、眼肌疲劳。研究还发现,过量的激光会使人头晕、头痛、心慌失眠;电视瞬间反复推远拉近的镜头,也会使人心烦意乱;城市规划杂乱无章、色彩不和谐,路标、广告粗制滥造等,都给人带来烦躁和焦虑,甚至诱发失眠、神经衰弱等。专家们把因光污染环境导致的疾病称为"视觉综合征"。

工作用光对人体也有危害。研究发现日光灯对人体有危害,因其缺乏红光波段,且光谱不连贯,不符合人体生理要求。英国的一项研究表明,日光灯是引起人们偏头痛的主要原因之一。中国台湾一项研究显示:长时间看电视和操作电脑有损健康,女性电脑工作者患乳腺癌的危险性比其他人高43%。还有研究表明,长期暴露在某种可见光和电磁辐射下,易患白血病及其他癌症。

三、居室噪声

噪声是指人们主观上不需要的声音,即使是优美的音乐在不需要的时候也可以成为噪声。噪声可以干扰人们的休息、睡眠、学习和工作,甚至造成听力损伤,或机体的生理功能发生变化。噪声也是当今危害公众健康的主要环境有害因素之一,并且特别易于被忽视。

1. 来源

居室的噪声主要来源于生产性噪声、生活性噪声和交通噪声。

(1)生产噪声 来自住宅周围的工矿企业和建筑工地。

(2)生活噪声 是指来自人类生活活动的噪声,又被称为社会噪声。一类来源于住宅内部和居民生活活动过程,比如在暖气、通风、厕所冲水、淋浴和电梯等设备使用过程中产生,在家具移动、家电使用,特别是音响和电视的使用,人们的高声谈笑和孩子的吵闹等;另一类来自住宅周围,比如广播声、各种叫卖声以及商业或娱乐场所各种广告宣传和嘈杂声。

(3)交通噪声 指来自各种交通工具的喇叭声、发电机声、轮胎与地面的摩擦声、机动车的制动声和火车的压轨声。

2. 对健康的危害

在日常生活中,噪声对人体的影响因噪声的声压(强度)、频率、性质(持续性或断续性,稳态或者非稳态)以及作用的时间而异。一般来讲,声压大、频率高、作用时间长对机体的影响大,断续性的非稳态噪声的影响较大。此外,噪声对机体的影响还与当时的健康状况和工作情况有关。需要集中注意力的人、对噪声敏感的人、有某些疾病或者需要休息的人受噪声的影响更大;夜间的噪声比白昼影响大。住宅噪声对健康的影响主要有以下3个方面。

(1)影响休息和睡眠,超过50dB(A)的连续噪声就可以影响睡眠的生理过程,包括入睡时间延长、睡眠深度不够、缩短觉醒时间、多梦等;突然的噪声可使人惊醒。

（2）影响生活质量和工作效率，一般70dB（A）以上的就可以干扰谈话、造成精神不集中、心绪烦乱、学习或工作效率低，容易出现差错和事故，生活质量下降。

（3）危害健康，噪声对健康的危害包括对听觉器官的特异性危害和对机体其他系统的非特异性危害。特异性的危害主要有听觉适应、听觉疲劳和听觉损伤，通常居室内的噪声对听力的影响不太明显。噪声对其他系统的影响非常广泛，包括心理或生理状态的改变，比如情绪、情感、有意识的活动和躯体的觉醒状态等。受噪声危害的听觉以外的系统主要有神经系统、心脑血管系统、消化系统、内分泌系统和女性的月经功能。

四、空气负离子

空气中的气体分子或原子在某些外界因素的强烈作用下，其外层电子逸出，从而形成了带正电的阳离子即空气正离子，一部分逸出的电子与中性分子结合生成阴离子即空气负离子，故大气中空气离子实际是带正电或带负电的大气分子所组成。

实验研究的临床观察均表明，空气离子对机体有多方面的生物学效应。一般认为，当空气离子浓度在一定范围时，正离子主要作用于交感神经，负离子则作用于副感神经。适量的正、负离子联合作用于机体，对维持机体正常生理功能起良好作用，如空气离子浓度在$(2\sim30)\times10^4$ 个$/cm^3$ 时，负离子对健康呈良好作用，如对机体具有镇静、催眠、止痒、止汗、利尿、降低血压、增进食欲、使注意力集中，提高工作效率等。正离子则有不良作用，但是空气离子浓度如果超过一定浓度，则不论正、负离子均可对健康产生不良影响。空气离子对健康的良好作用可归纳为如下几个方面。

（1）神经系统　空气离子可提高脑啡肽水平，增强其作用功能，从而调节中枢神经的兴奋抑制过程，起镇静作用并可消除疲劳。

（2）心血管和血液系统　负离子可使心率减慢，使高血压患者的血压趋于正常，对接触噪声作业工人有预防血压升高作用。

（3）呼吸系统　负离子可使动物上呼吸道纤毛运动增强，使腺体分泌增加，提高平滑肌张力，改善肺通气功能，降低呼吸道对创伤的易感。

（4）内分泌系统　空气离子具有类激素作用，如负离子作用与盐皮质激素相似，可以减少尿中17-酮固醛的排泄。长期在负离子空气环境中饲养的动物其肾上腺重量增加。

（5）免疫系统　空气负离子能提高机体细胞免疫和体液免疫功能，临床上经负离子治疗的呼吸疾病患者免疫球蛋白A和免疫球蛋白M和补体增加，负离子可促进创伤动物上皮增生、伤口愈合。

（6）其他　空气离子可抑制细菌、病毒生长。比如葡萄球菌、霍乱弧菌、沙门氏菌等。负离子能降低感染流感病毒的小鼠死亡率。

　　基于上述原因,临床用空气离子疗法作为一种辅助治疗。现有研究显示:空气离子疗法可使疾病好转或症状减轻,但其作用为非特异性,疗效也存在个体差异。此外,空气负离子能与空气中有机物起氧化作用而清除其产生的异味,因而具有清洁空气的作用。将负离子发生器应用在生活或某些生产环境中,有利于改善微小环境中的空气状况。空气离子化还可为居民区创造良好的生活环境,环境空气中负离子浓度增加,有利于改善环境空气质量,增强人体对气候的适应能力。一般在海滨、森林、瀑布附近、喷泉附近和风景区等自然环境中,空气负离子含量较多。

五、色彩

　　人对居室内色彩的视觉感受,直接关系到进入一个居室以后的感觉是舒服还是沉闷,不同的装饰用色会给人以不同的感觉和印象。其实,居室内色彩选择与搭配的正确与否,不仅关系到居室空间的整体效果和装饰品位,而且还与人的心理和生理息息相关,可以直接影响人的情绪和心态。

　　人对色彩的感知在浅层次上可以产生心理反应,进而可以影响人的情绪和精神状态,使人产生联想、回忆等心理变化。当眼睛受到不同色彩的刺激以后,人体的肌肉或者心血管系统也随之发生相应变化,因而产生不同的情绪反应和体验,最终导致不同的心理感受。有研究表明:暖色调,尤其是黄、红、橙等具有较强刺激色彩的颜色,不仅能使人瞳孔扩大,加速脉搏跳动;而且还能赋予人活力和激情。一般来说色彩的明度与彩度越大作用越强。体弱多病的人经常处于暖色调的环境中,将使其乐于活动,而且心情愉快,并能增加机体代谢和抗病能力。冷色调则使人安静,并能减轻眼睛的疲劳,对于那些长期处于紧张状态的人,冷色彩环境可使其精神放松、神情安宁。具体地讲,青灰色的色彩环境有利于消除疲劳和缓解精神紧张;在蓝绿的色彩环境中,机体的皮肤温度可以降低2℃左右,心跳每分钟减少4～8次,呼吸也变得缓慢,从而减轻心脏负担;粉红色的环境可使人的肾上腺素分泌减少,心率减慢,心肌收缩的力量也减慢;红色则可使血液循环加速、心率加快、血压升高,使人兴奋;紫色能抑制神经系统、淋巴细胞和心脏的活动,使人安静;蓝色能消除紧张心理;绿色使人精神安定。

技能训练一

热球式电风速计法测定空气流速

一、原理

　　电风速计由测杆探头和测量仪表组成。测杆探头(头部有线型、膜型和球型三种)装有两个串联的热电偶和加热探头的镍铬丝圈。热电偶的冷端连接在碱铜制的支柱上,直接暴露在气流中,当一定大小的电流通过加热圈后,玻璃球被加热后温度升高的程度与风速呈现负相关,引起探头电流或电压的变化,然后由仪器显示出来(表式),或通过显示器显示出来(数显式)。

二、仪器

表式热球电风速计或数显式热球电风速计,其最低监测值不应大于 0.05m/s。测量精度在 0.05~2m/s 范围内,其测量误差不大于测量值的 ±10%。有方向性电风速计测定方向偏差在 5°时,其指示误差不大于被测定值的 ±5%。

三、测定步骤

热球电风速计法测定步骤为:

(1)应轻轻调整电表上的机械调零螺丝,使指针调到零点。

(2)"校正开关"置于"断"的位置,将测杆插头插在插座内,将测杆垂直向上放置。

(3)将"校正开关"置于"满度",调整"满度调节"旋钮,使电表置满刻度位置。

(4)将"校正开关"置于"零位",调整"精调"、"细调"旋钮,将电表调到零点位置。

(5)轻轻拉动螺塞,使测杆探头露出,测头上的红点应对准风向,从电表上读出风速的值。

(6)数显式热球电风速计读数:打开电源开关,即可直接显示风速,不需要调整。

(7)根据表式或数显式热球风向速计测定的值(指示风速),查校正曲线,得实际风速。

技能训练二

示踪气体法测定新风量

一、定义

(1)新风量:在门窗关闭的状态下,单位时间内由空调系统通道、房间的缝隙进入室内的空气质量,单位为 m^3/h。

(2)空气交换率:单位时间(h)内由室外进入室内空气容量与该室室内空气总量之比,单位为 h^{-1}。

(3)示踪气体:在研究空气运动中,一种能与空气混合,而且本身不发生任何改变,并在很低的浓度时就能被测出的气体总称。

二、原理

本标准采用示踪气体浓度衰减法。在待测室内通入适量示踪气体,由于室内、外空气交换,示踪气体的浓度呈指数衰减,根据浓度随时间的变化的值,计算出室内的新风量。

三、仪器和材料

(1)袖珍或者轻便型气体浓度测定仪。

(2)尺、摇摆电扇。

(3)示踪气体:无色、无味、使用浓度无毒、安全、环境本底低、易采样、易分析的气体。示踪气体环境本底水平及安全性资料见表1-3。

表 1-3 示踪气体环境本底水平及安全性资料

气体名称	毒性水平	环境本底水平/(mg/m³)
一氧化碳(CO)	人吸入 50mg/m³ 1h 无异常	0.125~1.25
二氧化碳(CO_2)	车间最高允许浓度 9000mg/m³	600
六氟化硫(SF_6)	小鼠吸入 48000mg/m³ 4h 无异常	低于检出限
一氧化氮(NO)	小鼠 LC_{50} 1090mg/m³	0.4
八氟环丁烷(C_4F_8)	大鼠吸入 80%(20%氧)无异常	低于检出限
三氟溴甲烷($CBrF_3$)	车间标准 6100mg/m³	低于检出限

四、测定步骤

(一)室内空气总量的测定

(1)用尺测量并计算出室内容积 V_1(m³)。

(2)用尺测量并计算出室内物品(桌、沙发、柜、床、箱等)总体积 V_2(m³)。

(3)计算室内空气容积

$$V = V_1 - V_2$$

式中:V——室内空气容积,m³;

V_1——室内容积,m³;

V_2——室内物品总体积,m³。

(二)测定的准备工作

(1)按仪器使用说明校正仪器,校正后待用。

(2)打开电源,确认电池电压正常。

(2)归零调整及感应确认,归零工作需要在清净的环境中调整,调整后即可进行采样测定。

(三)采样与测定

(1)关闭门窗,在室内通入适量的示踪气体后,将气源移至室外,同时用摇摆扇搅动空气 3~5min,使示踪气体分布均匀,再按对角线或梅花状采集空气样品,同时在现场测定并记录。

(2)计算空气交换率:用平均法或回归方程法。

①平均法:当浓度均匀时采样,测定开始时示踪气体的 c_0 ,15min 或 30min 后再采样,测定最终示踪气体浓度 c_1 (时间的浓度),前后浓度自然对数差除以测定时间,即为平均空气交换率。

②回归方程法:当浓度均匀时,在 30min 内按一定的时间间隔测量示踪气体浓度,测量频次不少于 5 次。以浓度的自然对数对应的时间作图。用最小二乘法进行回归计算。回归方程式中的斜率即为空气交换率。

(四)结果计算

1.平均法计算平均空气交换率

$$A = [\ln c_0 - \ln c_1]/t$$

式中: A ——平均空气交换率,h^{-1};

　　 c_0 ——测量开始时示踪气体浓度,mg/m^3;

　　 c_1 ——时间为 t 时示踪气体浓度,mg/m^3;

　　 t ——测定时间,h。

2.回归方程法计算空气交换率

$$\ln c_1 = \ln c_0 - At$$

$$(Y = a - bx)$$

式中: c_1 —— t 时间的示踪气体浓度,mg/m^3($\ln c_1$ 相当于 Y);

　　 A ——空气交换率,h^{-1}(相当于 $-b$,即斜率);

　　 c_0 ——测量开始时示踪气体浓度,mg/m^3($\ln c_0$ 相当于截距 a);

　　 t ——测定时间,h。

3.新风量的计算

$$Q = AV$$

式中: Q ——新风量,m^3/h;

　　 A ——空气交换率,h^{-1};

　　 V ——室内空气容积,m^3。

注:若示踪气体本底浓度不为 0 时,则公式中的 c_1、c_0 需减去本底浓度后再取自然对数进行计算。

阅读材料

健康与绿色住宅

健康住宅是在满足住宅建设基本要素的基础上,提升健康要素,保障居住者生理、心理、道德和社会适应等多层次的健康要求,促进住宅建设可持续发展,进一步提高住宅质量,营造出舒适、健康的居住环境。

当人类走进 21 世纪殿堂,健康、绿色住宅便顺时应势地被提出来,健康、绿色、舒适住宅备受百姓关注,是人们生活的基本愿望。

在漫漫的人生中,无论是高节奏、高效率的工作,还是繁忙后的歇憩,大多数时间是在室内度过的,因而室内环境质量的优劣与人的生活息息相关,因其直接关系到人体的健康。而健康、绿色住宅不仅包括与居住相关的物理量值,即室内温度、湿度、通风换气效率、噪声和振动、照度以及空气质量等,使人们在舒适的环境中安居乐业,使人们既有健康的体魄和健康的心理状态,又有融融相助的人际关系。

健康住宅的宗旨是为了使居住在其中的人们获得幸福安康。健康、绿色住宅要做出优质的规划、户型和布局设计,要有优雅舒适的自然和人文环境及尽善尽美的物业管理和配套设施。

一、健康住宅的含义

(一)物理因素

(1)住宅的位置选择合理、平面设计方便适用,日照、间距符合规定的情况下,提高容积率(建筑面积占地面积);

(2)墙外保温,围护结构达 50% 的节能标准,外观、外墙涂料、建材体现现代风格和时代要求;

(3)通风窗应具备热交换、隔绝噪声、防尘效果优越等功能;

(4)住宅应装修到位,简约,以避免二次装修所造成的污染;

(5)声、热、光、水系列量化指标,有宜人的环境质量和良好的室内空气质量。

(二)与环境友好和亲和性

住户充分享受阳光、空气、水等大自然的高清新性。使人们在室内能尽量多地享有日光的沐浴,呼吸清新的空气,饮用完全符合卫生标准的水,人与自然和谐共存。

(三)环境保护

住宅排放废弃物、垃圾分类收集,以便于回收和重复利用。对周围环境产生的噪声进行有效的防护,并进行中水回用,中水可用于灌溉,冲厕等。

(四)健康行为

小区开发模式以健康生态为宗旨,设有医疗保健机构、老少皆宜的运动场,不仅身体健康,且心理健康,重视精神文明建设,邻里助人为乐、和睦相处。

(五)体现可持续发展

住宅环境和设计的理念,是坚持可持续发展为主旋律,主要有 3 个要点。

(1)减少对地球、自然、环境负荷的影响,节约资源,减少污染,既节能又有利于环境保护;

(2)建造宜人、舒适的居住环境;

（3）与周围生态环境融合，资源要为人所用。

（六）生态绿化

有宜人的绿化和景观，保留地方特色，体现节能、节地、保护生态的原则。

（七）配套设施

垃圾进行分类处理，自行车，汽车各置其位。

二、健康住宅的要求

根据世界卫生组织的定义，"健康住宅"就是能使居住者在身体上、精神上、社会上完全处于良好状态的住宅，具体有以下几点要求：

（1）会引起过敏症的化学物质的浓度很低；

（2）为满足（1）的要求，尽可能不使用容易散发出化学物质的胶合板、墙体装修材料等；

（3）设有性能良好的换气设备，能将室内污染物质排至室外，特别是对高气密性、高隔热性住宅来说，必须采用具有风管的中央换气系统，进行定时换气；

（4）在厨房灶具或吸烟处要设局部排气设备；

（5）起居室、卧室、厨房、厕所、走廊、浴室的温度要全年保持在 $17 \sim 27℃$；

（6）室内的湿度要全年保持在 $40\% \sim 70\%$；

（7）二氧化碳浓度要低于 1000pm；

（8）悬浮粉尘浓度要低于 $0.15mg/m^3$；

（9）噪声级要小于 50dB（A）；

（10）一天的日照要确保 3h 以上；

（11）设有足够亮度的照明设备；

（12）住宅具有足够的抗自然灾害能力；

（13）具有足够的人均建筑面积，并确保私密性；

（14）住宅要便于护理老龄者和残疾人；

（15）因建筑材料中含有有害挥发性有机物质，所以在住宅竣工后，要隔一段时间（至少 2 个星期）才能入住，在此期间要进行良好的通风和换气，必要时，在入住前可接通采暖设备，提高室内温度，以加速化学物质的挥发。

模块二 室内装修材料中
有害物质的测定

任务一 干燥器法测定人造板中甲醛含量

 知识链接

人造板中甲醛的测定标准

GB18580—2001 和 GB50325—2001 中对人造板中甲醛含量或释放量检测规定了 3 种方法：穿孔萃取法、干燥器法和气候箱法（环境测试舱法）。

（1）穿孔萃取法是测定木制板材中游离甲醛的传统方法，广泛用于工业产品检验。国家质检总局于 1999 年发布了《人造板及饰面人造板理化性能试验方法》（GB/T 17657—1999），该标准对使用穿孔萃取法测定人造板中甲醛含量进行了规范。此法是将 100g 受试板材（20mm×20mm）在甲苯溶液中加热至沸腾回流 2h，然后用蒸馏水或去离子水吸收所萃取的甲醛，水溶液中甲醛的含量用乙酰丙酮分光光度法测定。整个操作和分析时间大约为 3h。穿孔萃取法适用于表面无任何覆盖层的刨花板、密度板、纤维板中游离甲醛含量的测定，不适合评价板材中甲醛的释放特征。

（2）干燥器法是在干燥器底部放置盛有 300mL 蒸馏水的玻璃容器，在其上方固定的金属支架上悬挂受试板材（150mm×50mm），在一定温度下放置 24h，蒸馏水吸收释放的甲醛，取样品水溶液用乙酰丙酮分光光度法测定甲醛的含量。由于胶合板、细木工板采用穿孔萃取法测定游离甲醛含量时，在溶剂中浸泡不完全，影响测试结果。故采用干燥器法测定，所得数据为游离甲醛释放量。该法操作简单易行，检测时间短。

（3）气候箱法（环境测试舱法）是欧美国家测量和评价建筑装饰装修材料和室

内用品有机污染物释放量的仲裁方法,如测定木制板材、地毯、壁纸中的甲醛释放量。气候箱体积通常在 $1\sim40\text{m}^3$,箱体材料必须使用化学性质不活泼、无吸附性、不释放挥发性有机化合物的惰性材料如不锈钢等制成。气候箱法模拟室内环境,并考虑了影响木制板材甲醛释放的各项因素(温度、湿度、空气流速和空气交换率)和过程,测定箱内空气中的甲醛平衡浓度(mg/m^3),从而推算出甲醛释放量($\text{mg/m}^2 \cdot \text{h}$)。

技能训练

干燥器法测定人造板中甲醛含量

GB 18580—2001《室内装饰装修材料人造板及其制品中甲醛释放限量》标准推荐干燥器法作为测定胶合板、装饰单面板、贴面胶合板、细木工板和各种饰面板(包含浸渍纸层压木质地板、实木复合地板、竹地板、浸渍胶膜饰面人造板等)中甲醛释放量的方法。

一、原理

在干燥器底部放置盛有蒸馏水的结晶皿,在其上方固定的金属支架上放置样板,释放出的甲醛被蒸馏水吸收后作为样品溶液。用乙酰丙酮比色法测定样品中甲醛浓度(mg/L)。

二、仪器和设备

(1)金属支架:见图 2-1。

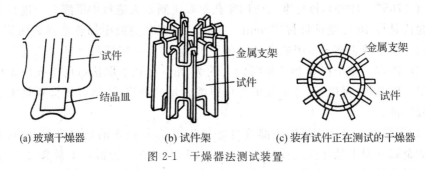

(a) 玻璃干燥器　　　　(b) 试件架　　　　(c) 装有试件正在测试的干燥器

图 2-1　干燥器法测试装置

(2)结晶皿:(A)直径 120mm,深度 60mm;(B)直径 57mm,深度 50～60mm。

(3)分光光度计:用 10mm 比色皿,在波长 412nm 下测定吸光度。

(4)天平:感量 0.01g。

(5)干燥器:直径 240mm,(A)容积 9～11L;(B)容积 40L。

三、试剂和材料

方法中所应用的试剂,除另外注明者外,均为分析纯。实验用水均为蒸馏水或去离子水。

四、取样和样品处理

(1)抽样方法:按检验方法规定的样品数量在同一地点、同一用途、同一规格的人造板中随机抽取3份样品,并立即用不释放或吸附甲醛的包装材料将样品密封后待测。在生产企业抽取样品时,必须在生产企业等待出售的成品库内抽取样品。在经销企业抽取样品时,必须在经销现场或经销企业的待售成品库内抽取样品。在施工或使用现场抽取样品时,必须在同一地点、同一用途、规格的同一种产品中随机抽取。

密封于聚乙烯塑料袋中、放置在温度为10±1℃的恒温箱中至少1d。

(2)甲醛的收集:在直径240mm(容器9~11L)的干燥器底部放置直径120mm、深度60mm的结晶皿,在结晶皿内加入300mL蒸馏水。在干燥器上部放置金属支架,如图2-1(b)、(c)所示。金属支架上固定10块样板,样板尺寸:长150±2mm、宽50±1mm。样板之间互不接触。测定装置在20±2℃下放置24h,用蒸馏水吸收从样板释放出的甲醛,此溶液作为待测样品溶液。

五、分析步骤

(1)绘制标准曲线:标准曲线的绘制同本节穿孔萃取法。

(2)样品绘制:取100mL样品溶液按本节穿孔萃取法测定。每一张板应取两份样品,同时作平行测定,甲醛含量以平行测定的算术平均值表示,精确至0.1mg/L。

六、计算

$$c=1000(A-A_0)B_S/10$$

式中:c——吸收液中甲醛浓度,mg/L;

A——样品溶液的吸光度;

A_0——试剂空白的吸光度;

B_S——计算因子;

10——样品溶液的体积,mL。

七、说明

干燥器法适用范围和限量值:9~11L的干燥器,结晶皿直径120mm、深度60mm,用于测定胶合板、装饰单面板、贴面胶合板、细木工板等甲醛释放量。容积为40L的干燥器,结晶皿直径57mm、深度50~60mm,适用于测定饰面人造板甲醛释放量。

技能拓展

穿孔萃取法测定人造板中甲醛含量

一、原理

将溶剂甲苯与样板共热,通过液-固萃取甲醛从板材中溶解出来,然后将溶有甲醛的甲苯通过穿孔器与水进行液-液萃取,把甲醛转溶于水中。水溶液中甲醛含量用乙酰丙酮比色法测定,结果用100g干的样板中被萃取出的甲醛量(mg)表示。

二、仪器和设备

(1)天平:感量0.001g。

(2)电热鼓风恒温干燥箱:恒温精度±1℃,温度范围40~200℃。

(3)连续可调控温电热套:可调温度范围50~200℃。

(4)分光光度计:用5mm比色皿,在波长412nm下,测定吸光度。

(5)穿孔萃取仪:萃取装置。

三、试剂和材料

方法中所应用的试剂,除另外注明者外,均为分析纯。实验用水均为蒸馏水或去离子水。

(1)甲苯:分析纯。

(2)乙酰丙酮溶液(0.4%):量取4mL乙酰丙酮于1000mL棕色容量瓶中,用水溶解,并加水至刻度线,摇匀,存贮于暗处。

(3)乙酸铵溶液(200g/L):称量200g乙酸铵于500mL烧杯中,加蒸馏水至溶解后,转至1000mL棕色容量瓶中,稀释到刻度,摇匀,存贮于暗处。

(4)碘溶液[$c(1/2I_2)=0.1mol/L$]:称量12.7g碘和30g碘化钾,加水溶解,并用水稀释至1000mL。

(5)碘酸钾标准溶液[$c(1/6KIO_3)=0.1000mol/L$]:准确称量3.5668g,经过105℃干燥2h的碘酸钾(优级纯),加水溶解,用水稀释至1000mL容量瓶中,并加水至刻度线。

(6)淀粉溶液(5g/L):称量0.5g可溶性淀粉,用少量水调成糊状后,再加刚煮沸的水至100mL,冷却后,加入0.1g水杨酸保存。

(7)氢氧化钠溶液(1mol/L):称量40g氢氧化钠,加水溶解,并用水稀释至1000mL。

(8)硫酸溶液(0.5mol):向500mL水中加入28mL硫酸(优级纯)混匀后,再加水至 1000mL。

(9)硫代硫酸钠标准溶液$[c(Na_2S_2O_3)=0.1000mol/L]$：称量 26g 硫代硫酸钠
$(Na_2S_2O_3 \cdot 5H_2O)$，溶于新煮沸冷却的水中，加入 0.2g 无水碳酸钠，再用水稀释
至 1000mL。贮存于棕色瓶中，如浑浊应过滤。放置一周后，标定其准确浓度。

(10)甲醛标准溶液。

①甲醛标准贮备液：同模块三任务四中甲醛的酚试剂分光光度法中的方法。

②甲醛标准工作液：临用时，将甲醛标准贮备液用水稀释成 1mL 含 0.015mg
甲醛的标准工作溶液。

四、取样和样品处理

(1)抽样方法：同本模块中干燥器法。

(2)样板准备：将样板的每端各去除 50cm 宽条，然后沿板宽方向均匀截取
25mm×25mm 的受试板块 24 块，用于含水量测定；另截取 15mm×25mm 的受试
板块，用于甲醛含量的测定。

五、分析步骤

(1)标准曲线的绘制：分别吸取 0、1.00mL、2.00mL、4.00mL、6.00mL、8.00mL、
10.00mL 甲醛标准工作液于 50mL 具塞比色管中，各加入水至 10.00mL，加入 10mL
乙酰丙酮溶液(0.4%)和 10mL 乙酰胺溶液(200g/mL)，加塞后，混匀，在 40±2℃
的恒温箱中加热 15min，然后避光冷却至室温(18～28℃约 1h)。用 5mm 比色皿，
以水作参比，在波长 412nm 下，测定吸光度。以甲醛的含量(mg)为横坐标、吸光度
为纵坐标，绘制标准曲线，并计算回归线的斜率。以斜率的倒数作为样品测定的计
算因子 B_g(mg)。

(2)样品分析。

①含水量的测定：用 6～8 块受试板块为一组样品，进行不等试验，测定含水
量。将样品放入 103±2℃干燥恒重的小烧杯(小烧杯恒质量为 m_0)中，称量(m_1)。
然后放入 103±2℃恒温干燥箱中通风干燥约 12h 后，取出，放入干燥器中冷却至
室温，称量至质量恒定(m_2)。连续两次称重中受试板块质量相差不超过0.1%时，
方可视为达到恒重质量。

样板的含水量按下式计算，精确至 0.1%。

$$H=\frac{m_1-m_2}{m_1-m_0}\times100\%$$

②仪器安装和校验：先将萃取装置安装好，并固定在铁架台上。采用套式恒温
器加热烧瓶。将 500mL 甲苯加入 1000mL 具有标准磨口的圆底烧瓶中，另将
100mL 甲苯及 1000mL 蒸馏水加入萃取管内。然后开始蒸馏。调节加热器，使回
流速度保持 30mL/min，回流时萃取管中液体温度不得超过 40℃，若温度超过

40℃,必须采取降温措施,以保证甲醛在水中的溶解。

③萃取操作:关上萃取管底部的活塞,加入 1L 蒸馏水,同时加入 100mL 蒸馏水于有液封装置的三角烧瓶中,倒 600mL 甲苯于圆底烧瓶中,并加入 105~110g 的样板,精确至 0.01g。安装妥当,保证每个接口紧密而不漏气,可涂上凡士林或"活塞油脂"。打开冷却水,然后进行加热,使甲苯沸腾开始回流,记下第一滴甲苯冷却下来的准确时间,继续回流 2h。在此期间保持 30mL/min 的恒定回流速度,这样,既可以防止液封锥形瓶中的水虹吸回到萃取管中;又可以使穿孔器中的甲苯液柱保持一定高度,使冷凝下来的带有甲醛的甲苯,从穿孔器的底部穿孔而出并溶入水中。因甲苯相对密度小于 1,浮在水面之上,并通过萃取管的小虹吸管返回到烧瓶中。液-固萃取过程持续 2h。在整个加热萃取过程中,应有专人看管,以免发生意外事故。

在萃取结束时,移开加热器,让仪器迅速冷却,此时锥形瓶中的液封水会通过冷凝管回到萃取管中,起到了洗涤仪器上半部的作用。

萃取管的水面不能超过最高水位线,以免吸收甲醛的水溶液通过小虹吸管进入烧瓶。为了防止上述现象,可将萃取管中吸收液转移一部分至 2000mL 容量瓶,再向锥形瓶加入 200mL 蒸馏水,直到此系统中压力达到平衡。

开启萃取管底部的活塞,将甲醛吸收液全部转至 2000mL 容量瓶中,再加入两份 200mL 蒸馏水到锥形瓶中,并让它虹吸回流到萃取管中,合并转移到 2000mL 容量瓶中,将容量瓶用蒸馏水稀释到刻度,摇匀,待定量。

在萃取过程中若有漏气或停电间断,此项试验需重做。试验用过的甲苯属易燃品,应妥善处理,若有条件可重蒸脱水,回收利用。

④比色测定:

a.用移液管量取 10mL 乙酰丙酮溶液和 10mL 乙酸铵溶液于 50mL 具塞比色管中,再准确加入 10mL 样品萃取后的待测液,加塞,混匀。然后,按绘制标准曲线的操作步骤,测定吸光度。

b.在每块样板测定的同时,用 10mL 蒸馏水按样品处理和分析的相同操作步骤做试剂空白测定。

c.每张样板应取两份样品,同时做平行测定。甲醛含量以平行测定的算术平均值表示,精确至 0.1mg。

六、计算

甲醛含量按下式计算,精确至 0.1mg。

$$c = \frac{(A - A_0) B_g (100 + H) V}{m \times 10}$$

式中:c——100g 干板中含甲醛的毫克数,mg/100g;

A——样品溶液的吸光度;

A_0——试剂空白溶液的吸光度;

B_g——用标准溶液绘制的标准曲线得到的计算因子;

m——用于萃取试验的样板质量,g;

H——样板的含水量,%;

V——样品溶液的体积,2000mL。

七、说明

(1)胶合板的甲醛释放量测定:如采用穿孔萃取法,会出现两个问题:一是胶合板密度差异很大。胶粘剂和工艺生产完全相同的胶合板因不同密度,100g 样品的测定值可能存在 1～2 倍的差异。二是密度低的胶合板浮在甲苯上,影响固-液萃取,因此胶合板的甲醛释放量测定采用干燥器法比较合理。

(2)判定和复测规则:在随机抽取的 3 份样品中,任取一份样品按本法测定甲醛含量。如果测定结果达到 GB 11585—2001 规定的要求,则判定为合格;如果测定结果不符合要求,则对另外两份样品再测定。如两份样品中只有一份达到要求,或两份样品均不符合规定要求,判定为不合格。

(3)测试报告:项目应包括测试日期、采样日期、板的来源、板的类型、板的厚度(mm)、板的密度(kg/m^3)、含水量(%)、甲醛含量(mg/100g 干燥板)等。

阅读材料

气候箱法测定人造板中甲醛含量

一、原理

将 $1m^2$ 表面积的样品放入温度、相对湿度、空气流速和空气置换率控制在一定值的气候箱内。甲醛从样品中释放出来,与箱内空气混合,定期抽取箱内空气,将抽出的空气通过盛有蒸馏水的吸收瓶,空气中的甲醛全部溶入水中;测定吸收液中的甲醛量及抽取的空气体积,计算出每立方米空气中的甲醛量,以毫克每立方米(mg/m^3)表示。抽气是周期性的,直到气候箱内的空气中甲醛浓度达到稳定状态为止。

二、设备

(1)气候箱:容积为 $1m^3$,箱体内表面应为惰性材料,不会吸附甲醛,室内应该有空气循环系统以维持空气充分混合及试样表面的空气速度为 0.1～0.3m/s。箱体上应有调节空气流量的空气入口和空气出口装置。

空气置换率维持在 $1.0\pm0.05h^{-1}$,要保证箱体的密封性。进入箱内的空气甲醛浓度在 0.006mg/m³ 以下。

(2)温度和相对湿度调节系统:应能保持箱内温度为 23±0.5℃,相对湿度为 45%±3%。

(3)空气抽样系统:空气抽样系统包括抽样管、2 个 100mL 的吸收管、硅胶干燥器、气体抽样泵、气体流量计、气体计量表。

三、试剂、溶液的配置、仪器

(1)试剂按 GB/T 17657—1999 中"人造板及饰面人造板理化性能试验方法"的规定。

(2)溶液配置按 GB/T 17657—1999 中"人造板及饰面人造板理化性能试验方法"的规定。

(3)仪器除金属支架、干燥器、结晶皿外,其他按 GB/T 17657—1999"人造板及饰面人造板理化性能试验方法"的规定。

四、试样

试样表面积为 1m³(双面计,长为 1000±2mm、宽为 500±2mm,1 块;或长为 500±2mm、宽为 500±2mm,2 块),有带榫舌的突出部分应去掉,四边用不含甲醛的铝胶带密封。

五、试验步骤

(一)气候箱的准备和测试条件

(1)温度 23±0.5℃;

(2)相对湿度 45%±3%;

(3)承载率 1.0±0.02m²、m³;

(4)空气置换率:1.0±0.05h;

(5)试样表面空气流速:0.1~0.3m/s。

(二)样品测定

试样在气候箱的中心垂直放置,表面与空气流动方向平行。气候箱检测持续时间至少为 10d,第 7 天开始测定,甲醛释放量的测定每天一次,直至达到稳定状态。当测定次数超过 4 次,最后 2 次测定结果的差异小于 5% 时,即认为已达到稳定状态。最后两次测定结果的平均值即为最终测定值。如果在 28d 内仍未达到稳定状态,则用第 28 天的测定值作为稳定状态时的甲醛释放量测定值。空气取样和分析时,先将空气抽样系统与气候箱的空气出口相连接。2 个吸收瓶中各加入 25mL 蒸馏水,开动抽气泵,抽气速度控制在 2L/min 左右,每次至少抽取 100L 空气,每瓶吸收液各取 10mL 移至 50mL 容量瓶中,再加入 10mL 乙酰丙酮溶液和 10mL 乙酸铵溶液,将容量瓶放至 40℃的水浴中加热 15min,然后将溶液静置暗处冷却至室温(约1h),在分光光度计的412nm处测定吸光度。与此同时,要用10mL蒸馏水和10mL乙酰丙酮溶液、10mL乙酸铵溶液平行测定空白值。吸收液的吸光度测定值与空白吸光度测定值之差乘以校正曲线的斜率,再乘以吸收液的体积,即为每个吸收瓶中的甲醛量。2个吸收瓶的甲醛量相加,即得甲醛总量。甲醛总量除以抽取空气体积,即得每立方米空气中的甲醛浓度值,以毫克每立方米(mg/m^3)表示。由于空气计量表显示的是检测室温度下抽取的空气体积,而并非气候箱内23℃时的空气体积。因此,空气样品的体积应通过气体方程式校正到标准温度23℃时的体积。

分光光度计用校准曲线和校准曲线斜率的确定按GB/T 17657—1999中"人造板及饰面人造板理化性能试验方法"的规定。

任务二　油漆、涂料中的有害物质的测定

油漆、涂料中的有害物质

油漆和涂料的一般成分包括:成膜物质、颜料、溶剂、助剂。主要的有害物质有溶剂类(甲醛,甲苯,苯,二甲苯,醛类,酮类,酯类,醚类,芳香烃)和重金属类(铅,铬,汞,镉等)。

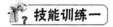

游离甲醛的测定

一、原理

取一定量的试样,经过蒸馏,取得的馏分按一定比例稀释后,用乙酰丙酮显色。显色后的溶液用分光光度计比色测定甲醛含量。本方法适用于游离甲醛含量为0.005~0.5g/kg的涂料。超过此含量的涂料经适量稀释后可按此方法测定。

二、仪器和设备

(1)蒸馏装置:500mL蒸馏瓶、蛇形冷凝管、馏分接收器皿。

(2)容量瓶：100mL、250mL、1000mL。

(3)移液管：1mL、5mL、10mL、15mL、20mL、25mL。

(4)水浴锅。

(5)天平：精度0.001g。

(6)吸收池：10mm。

(7)分光光度计。

三、试剂和材料

所用试剂均为分析纯，所用水均符合GB/T 6682—1992中三级水的要求。

(1)乙酰丙酮溶液：称取乙酸铵25g，加50mL水溶解，加3mL冰乙酸和0.5mL已蒸馏过的乙酰丙酮试剂，移入100mL容量瓶中，稀释至刻度。贮存期为不超过14d。

(2)甲醛：浓度约37%。

四、取样和样品处理

(1)检查样品包装：记录包装外观、品名、生产日期、生产厂家等信息。

(2)记录样品性状：开启包装后，记录样品性状，包括颜色、气味、粘稠度、均匀性、是否结皮、有无杂质和沉淀、是否分层。

(3)混匀：使用玻璃棒搅动样品，使样品混合均匀，避免产生气泡。

(4)取样：使用规定的取样器或者一次性滴管、注射器吸取一定量样品。

五、分析步骤

(一)甲醛标准溶液的配制和标准工作曲线的绘制

(1)1mg/mL甲醛溶液的制备：取2.8mL甲醛(浓度约37%)，用水稀释至1000mL，用碘量法测定甲醛溶液的精确浓度，其测定方法同酚试剂分光光度法中甲醛标准溶液的标定方法，用于制备标准稀释液。

(2)10μg/mL标准稀释液的制备：临用前，移取约10mL按前述方法制备并已标定过的甲醛溶液，稀释至1000mL，制成10μg/mL的标准稀释液。

(3)甲醛标准溶液的配制：按下列规定量取10μg/mL的标准稀释液，稀释至100mL后制备一组甲醛标准溶液，见表2-1。

表2-1　甲醛标准溶液的配制

取样量(mL) (10μg/mL标准稀释液)	稀释后甲醛浓度 (μg/mL)	取样量(mL) (10μg/mL标准稀释液)	稀释后甲醛浓度 (μg/mL)
1	0.1	15	1.5
5	0.5	20	2.0
10	1.0	25	2.5

④标准工作曲线的绘制：分别吸取 5mL 甲醛溶液，各加 1mL 乙酰丙酮溶液，在 100℃ 的沸水浴中加热，保持 3min。冷却至室温后即用 10mm 吸收池(以水为参比)在分光光度计 412nm 波长处测定吸光度。以 4mL 甲醛标准溶液中甲醛含量为横坐标，吸光度为纵坐标，绘制标准工作曲线。计算回归线的斜率，以斜率的倒数作为样品测定的计算因子 B_s。

（二）试样的处理

称取搅拌均匀后的试样 2g 置于已预先加入 50mL 水的蒸馏瓶中，轻轻摇匀，再加 200mL 水，在馏分接收器皿中预先加入适量的水，浸没馏分出口，馏分接收器皿的外部加冰冷却。加热蒸馏，收集馏分 200mL，取下馏分接收器皿，把馏分定容至 250mL。蒸馏出的馏分应在 6h 内测其吸光度。

（三）甲醛含量的测定

从容量瓶中取 5mL 定容后的馏分，加入 1mL 乙酰丙酮溶液，测定吸光度。

取 5mL 水加入 1mL 乙酰丙酮溶液，在相同条件下做空白试验。空白试验的吸光度应小于 0.01。否则应重新配置乙酰丙酮溶液。

六、计算

游离甲醛含量按下式计算：

$$\omega = 0.05 \times \frac{B_s(A - A_0)}{m}$$

式中：ω——游离甲醛含量，g/kg；

　　　A——样品溶液的吸光度；

　　　A_0——空白溶液的吸光度；

　　　B_s——计算因子；

　　　m——样品量，g；

　　　0.05——换算系数。

技能训练二

挥发性有机物的测定

一、原理

在规定的加热温度和时间内烘烤涂料样品，称量烘烤前后质量，计算失重和残留物样品的百分数(水性涂料还需减去水量)。通过测定密度，换算出每升样品中含有的挥发物量。

二、仪器和设备

(1)玻璃、马口铁或铝制平底盘:直径约 75mm。

(2)细玻璃棒:长约 100mm。

(3)鼓风恒温烘箱:温度控制在 $105\pm1℃$。

(4)玻璃干燥器:内放干燥剂。

(5)天平:感量为 0.0001g。

(6)Karl Fischer 水分滴定仪。

(7)注射器:$10\mu L$。

(8)一次性滴管或注射器:$3\sim5mL$。

三、试剂和材料

(1)蒸馏水或去离子水。

(2)醛酮专用 Karl Fischer 试剂(包括滴定剂和溶剂)。

四、取样和样品处理

同游离甲醛的测定。

五、分析步骤

(一)挥发物的测定

1.试样准备

将平底盘和玻璃棒放入烘箱中,在试验温度下干燥 3h,取出后放入干燥器中,在室温下冷却。称量带有玻璃棒的盘,准确到 1mg。然后把 $2\pm0.2g$ 混合均匀的待测样品加入盘中称量,也准确到 1mg,样品要均匀地布满整个盘子的底部。

如产品含有高挥发性溶剂或对照试验,用称量瓶或合适的注射器以减量法称量。如产品很粘或会结皮时,则用玻璃棒将试样均匀散开,必要的话,可先加入 2mL 适当溶剂稀释。

2.称量测定

(1)将烘箱调到规定的温度 $105\pm2℃$。把带有试样的盘子及玻璃棒放入烘箱中,在该温度下放置 3h。加热一段时间后,将玻璃棒和盘子从烘箱中取出,用玻璃棒拨开表面漆膜,将物质搅拌一下,再放回烘箱内。

(2)达到规定的加热时间时,将盘子和玻璃棒放入干燥器内。冷却到室温,然后称量,准确到 1mg。

(3)实验次数:对同一个样品,需要测定平行样。

(二)水性涂料(内墙涂料)中水分的测定

1.卡尔·费休(Karl Fischer)滴定法

此方法的主要依据为:

$$2H_2O+I_2+SO_2 \longrightarrow 2HI+H_2SO_4$$

滴定水分含量：按 Karl Fischer 水分滴定仪说明书，完成滴定剂的标定和样品中水含量测定。

（1）Karl Fischer 滴定剂的标定

①在滴定瓶中注入 40mL 左右溶剂以覆盖电极。

②用 Karl Fischer 滴定剂进行预滴定，以消除溶剂中含有的微量水分。

③用 10μL 注射器取纯水，注入滴定瓶中，将减量法称得水的质量（准确至 0.1mg）输入到滴定仪中。

④用 Karl Fischer 滴定剂滴定，记录滴定结果。

⑤重复标定，至相邻两次结果相差小于 1%，求出两次标定的平均值，并输入到滴定仪中。

（2）样品中水含量（%）测定

①对于粘度不大的涂料可使用一次性滴管取样，粘度大的样品可使用一次性注射器。向滴定瓶中滴加 1 滴涂料样品，用减量法测定加入的样品量，精确到 0.1mg，并输入到滴定仪中。

②用 Karl Fischer 滴定剂滴定，记录滴定结果。

③重复测定，同一分析者得到的两次分析结果相对误差不得大于 3.5%。

2.气相色谱法

（1）试剂

①蒸馏水（符合 GB/T6682）。

②无水二甲基甲酰胺（DMF）。

③无水异丙醇：分析纯。

（2）仪器

①气象色谱仪：配有热导检测器。

②色谱柱：柱长 1m，外径 3.2mm，填装 177～250μm 的高分子多孔微球的不锈钢柱，对于程序升温，柱温的初始温度为 80℃，保持 5min，升速 30℃/min，终温 170℃，保持 5min；对于恒温，柱温为 140℃。在异丙醇完全出完后，把柱温调到 170℃，待 DMF 峰出完。若继续测试，再把柱温降到 140℃。

③记录仪。

④微量注射器：1μL，20μL。

⑤具塞玻璃瓶：10mL。

（3）试验步骤

①测定水的响应因子 R：在同一具塞玻璃瓶称 0.2g 左右的蒸馏水和 0.2g 左右的异丙醇，精确至 0.1mg，加入 2mL 的二甲基甲酰胺，混匀。用微量注射器进 1μL 的标准混样，记录其色谱图。

按下式计算水的响应因子 R。

$$R = \frac{W_i A_{H_2O}}{W_{H_2O} A_i}$$

式中：W_i——异丙醇质量，g；

$\quad\quad W_{H_2O}$——水的质量，g；

$\quad\quad A_{H_2O}$——水峰的面积；

$\quad\quad A_i$——异丙醇峰面积。

若异丙醇和二甲基甲酰胺不是无水试剂，则以同样量的异丙醇和二甲基酰胺（混合液）但不加水作为空白，记录空白的水峰面积 B。此时用 $A_{H_2O}-B$ 代替上式中，再计算 R。

②样品分析：称取搅拌混匀后的试样 0.6g 和 0.2g 的异丙醇，精确至 0.1mg，加入到具塞玻璃管中，再加入 2mL 二甲基甲酰胺，盖上瓶盖，同时准备一个不加涂料的异丙醇和二甲基甲酰胺作为空白样。用力摇动装有试样的小瓶 15min，放置 5min，使其沉淀，也可使用低速离心机使其沉淀。吸取 1μL 试样瓶中的上清液，注入色谱仪中，并记录其色谱图。按下式计算涂料中水的质量分数 $\omega(H_2O)$。

$$\omega(H_2O) = \frac{(A_{H_2O}-B)W_i}{A_i W_p R} \times 100\%$$

式中：A_{H_2O}——水峰面积；

$\quad\quad B$——空白中水峰面积；

$\quad\quad A_i$——异丙醇峰面积；

$\quad\quad W_i$——异丙醇质量，g；

$\quad\quad W_p$——涂料质量，g；

$\quad\quad R$——响应因子。

（三）涂料密度的测定

（1）比重瓶的校准：用铬酸溶液、蒸馏水和蒸发后不留下残余物的溶剂依次清洗玻璃或金属比重瓶，并将其充分干燥。将比重瓶放置到试验温度（23℃或其他确定温度），并称重（精确到 0.2mg）。在低于试验温度不超过 1℃的温度下，在比重瓶中注满蒸馏水，注意防止产生气泡。将比重瓶放在恒温水浴（试验温度±0.5℃）中直至瓶和瓶中所含物的温度恒定为止。擦去溢出物，擦干瓶壁，立即称量瓶重。

（2）产品密度的测定：用产品代替蒸馏水重复上述测定步骤。

六、计算

（1）挥发物（V）或不挥发物（NV）的含量（%）

$$w(V) = \frac{W_1 - W_2}{W_1} \times 100\%$$

$$w(NV) = \frac{W_2}{W_1} \times 100\%$$

式中：$w(V)$——挥发物（V）的含量；

$\quad\quad w(NV)$——不挥发物（NV）的含量；

$\quad\quad W_1$——加热前试样的质量，g；

W_2——在规定条件下加热后试样的质量,g。

以各项测定的算术平均值作为结果,用质量的百分数表示,取一位小数。

(二)挥发性有机化合物(VOC)含量

1.产品密度

(1)密度瓶的容积 V(以 mL 表示):

$$V = \frac{W_1 - W_0}{\rho}$$

式中:W_0——空密度瓶的质量,g;

　　　W_1——密度瓶及水的质量,g;

　　　ρ——水在 23℃ 或其他确定温度下的密度,g/mL。

(2)产品的密度 ρ_t(以 g/mL 表示):

$$\rho_t = \frac{W_2 - W_0}{V}$$

式中:W_0——空密度瓶的质量,g;

　　　W_2——密度瓶及水的质量,g;

　　　V——在试验温度下所测得的密度瓶的体积,mL。

2.溶剂型涂料中挥发性有机化合物的含量

$$VOC = w\rho$$

式中:VOC——涂料中挥发性有机物含量,g/L;

　　　w——涂料中挥发性物质的含量,%;

　　　ρ——涂料的密度,g/L。

3.水性涂料中挥发性有机化合物的含量

$$VOC = (w - w_{H_2O})\rho$$

式中:VOC——涂料中挥发性有机物含量,g/L;

　　　w——涂料中挥发性物质的含量,%;

　　　w_{H_2O}——涂料中水分含量,%;

　　　ρ——涂料的密度,g/L。

技能训练三

苯及苯系物的测定

一、原理

苯及苯系物主要包括苯、甲苯、二甲苯等。样品经稀释后,在色谱柱中将苯、甲苯、二甲苯与其他组分分离,用氢火焰离子化检测器检测,以内标法定量。

二、仪器、设备及测定条件

(一)仪器和设备

(1)气相色谱仪:配有程序升温(大于 180℃)控制器、氢火焰离子化检测器,气化器内衬可更换玻璃管。

(2)进样器:微量注射器,10μL。

(3)配样瓶:容积约 5mL,具有可密封瓶盖。

(二)色谱检测条件

(1)色谱分离柱:聚乙二醇(PEG)20M 柱:长 2m,固定相为 10%PEG20M 涂于 Chromosorb W AW125～149μm 担体上。

(2)柱温:聚乙二醇(PEG)20M 柱:初始温度 60℃,恒温 10min,再进行程序升温,升温速率 15℃/min,最终温度 180℃,保持 5min,保持至基线走直。

阿匹松 M 柱:初始温度 120℃,恒温 15min,再进行程序升温,升温速率 15℃/min,最终温度 180℃,保持 5min,保持至基线走直。

(3)检测器温度:200℃。

(4)气化室温度:180℃。

(5)气流速:30mL/min。

(6)烧气流速:50mL/min。

(7)燃气流速:500mL/min。

(8)进样量:1μL。

三、试剂和材料

所用试剂除注明规格的外均为分析纯。具体如下:

载气(氮气,纯度≥99.8%);燃气(氢气,纯度≥99.8%);阻燃气(空气);乙酸乙酯;苯;甲苯;二甲苯;内标物(正戊烷,色谱纯);固定液[聚乙二醇(PEG)20M,色谱专用];固定液(阿匹松 M 柱,色谱专用);担体(Chromosorb W AW149～177μm,125～149μm);不锈钢珠(内径 2mm,长 2m 和 3m 各 1 根)。

四、取样和样品处理

同游离甲醛测定。

五、实验步骤

按照仪器操作规程开启仪器。根据色谱测定条件规定的参数要求进行调整,使仪器的灵敏度、稳定性和分离效率均处于最佳状态。

(一)标准样品的配制

在 5mL 样品瓶中分别称取苯、甲苯、二甲苯及内标物正戊烷各 0.02g(精确至

0.0002g),加入 3mL 乙酸乙酯作为稀释剂,密封并摇匀。注意:每次称量后应立即将样品瓶盖紧,防止样品挥发损失。

（二）相对校正因子的测定

待仪器稳定后,吸取 1μL 标准样品注入气化室,记录色谱图和色谱数据。在聚乙二醇(PGE)20M 柱和阿匹松 M 柱上分别测定相对校正因子。

（三）相对校正因子的计算

苯、甲苯、二甲苯各自对正戊烷的相对校正因子 f_i 按下式分别计算:

$$f_i = \frac{m_i A_{c_s}}{m_{c_s} A_i}$$

式中:f_i——苯、甲苯、二甲苯各自对正戊烷的相对较正因子;

m_i——苯、甲苯、二甲苯各自的质量,g;

A_{c_s}——正戊烷的峰面积;

m_{c_s}——正戊烷的质量,g;

A_i——苯、甲苯、二甲苯各自的峰面积。

连续平行测得苯、甲苯、二甲苯各自对正戊烷的相对校正因子 f_i,平行样品的相对偏差均应小于 10%。

（四）样品的测定

将样品搅拌均匀后,在样品瓶中称入 2g 样品和 0.02g 正戊烷(均精确至0.0002g),加入 2mL 乙酸乙酯(以能进样为宜,测稀释剂时不再加乙酸乙酯),密封并摇匀。

在相同于测定相对校正因子的色谱条件下对样品进行测定,记录各组分在色谱柱上的色谱图和色谱数据。如遇特殊情况不能明确定性时,分别记录两根柱上的色谱图和色谱数据。根据苯、甲苯、二甲苯各自对正戊烷的相对保留时间进行定性。

六、计算

苯、甲苯、二甲苯各自的质量分数(%)分别按下式计算:

$$\omega_i = f_i \times \frac{m_{c_s} A_i}{m A_{c_s}} \times 100\%$$

式中:ω_i——试样中苯、甲苯、二甲苯各自的质量分数;

f_i——苯、甲苯、二甲苯各自对正戊烷的相对校正因子;

m_{c_s}——正戊烷的质量,g;

A_i——试样中苯、甲苯、二甲苯各自的峰面积;

m——试样的质量,g;

A_{c_s}——正戊烷的峰面积。

取平行测定两次结果的算术平均值作为试样中苯、甲苯、二甲苯的测试结果,同一操作者得到两次测定结果的相对偏差应小于 10%。

技能训练四

重金属的测定

铅、镉、汞、铬是常见的重金属污染物,其可溶物对人体有明显危害。涂料中重金属主要来源于着色颜料,如红丹、铅铬黄、铅白等。由于无机颜料通常是从天然矿物中提炼,并通过一系列化学物理反应制成的,因此难免夹带微量重金属杂质。涂料中可溶性重金属(铅、镉、汞、铬)的定量分析是将样品经刷膜处理后,再用稀酸浸提,用原子吸收分光光度法测定。

一、原理

涂刷于玻璃板上的涂料按规定方法养护成膜干燥后,研磨过筛,用规定的稀酸进行浸提,将浸提液过滤,用原子吸收分光光度法测定。汞用原子荧光光度法或冷原子吸收法测定。

二、仪器和设备

(1)振荡器或超声波发生器。

(2)原子吸收分光光度计(石墨炉装置、火焰装置)。

(3)原子荧光光度计。

(4)铅、镉、汞、铬空心阴极灯。

(5)研磨机或研钵。

(6)尼龙筛网:40目(0.45微米)。

(7)玻璃板,玻璃漏斗和25mL具塞比色管。

以上玻璃器皿均经(1+1)HNO_3浸泡24h,并用去离子水淋洗3次。

三、试剂和材料

(1)去离子水:符合GB6682规定,纯度至少为三级纯水。

(2)HCl:优级纯。

(3)HNO_3:优级纯。

(4)HCl溶液:0.07mol/L。

(5)慢速定量滤纸。

(6)铅、镉、汞、铬混合标准贮备液:分别准确称取0.0500g铅、镉、汞、铬光谱纯或优级纯金属(99.99%),用5mL(1+1)HCl和5mL HNO_3溶解,移入500mL容量瓶中,用0.07mol/L HCl溶液稀释至刻度,上述溶液每毫升含相应元素0.1mg,贮于聚四氟乙烯瓶中,放入冰箱内保存。

(7)铅、镉、汞、铬混合标准使用液:临用时,吸取 10.0mL 上述标准贮备液于 100mL 容量瓶中,用 0.07mol/L HCl 溶液稀释至刻度,并充分摇匀,该溶液每毫升含各金属元素 0.01mg。

四、取样和样品处理

（一）取样方法

同游离甲醛测定。

（二）样品处理

(1)刷膜和养护:将涂料样品充分搅拌以确保采样具有代表性,有结皮的先去除结皮及外来其他的杂质,然后用干净的毛刷将样品均匀地涂于玻璃板上,在室内干净的环境中自然养护,使其自然干燥,养护时间根据涂料种类的不同而有所差异（见表 2-2）。

表 2-2　涂料刷膜养护时间

涂料种类	自然养护时间/d	涂料种类	自然养护时间/d
硝基漆	1	聚氨酯漆	3
醇酸漆	2	水性涂料	7

如为聚氨酯漆则事先要将漆样、固化剂以及稀释剂按使用时要求的比例混合均匀,再进行刷膜。

(2)研磨和过筛:将养护完毕的漆膜刮下后,用研磨机或研钵研磨。

直至全部通过 40 目尼龙筛为止,四分法准确取样 0.5g 左右,精确至 0.0001g。

(3)浸提和过滤:向已称好的样品粉末中加入 25mL0.01mol/L 的 HCl(如在 4h 之内不能完成测定,则改用 1.00mol/L 的 HCl),振荡器上振荡 1h 或用超声波超声 1h 浸提可溶性金属元素,然后用浸速定量滤纸过滤,滤液待测。

五、分析步骤

（一）测试条件

根据原子吸收分光光度计和原子荧光光度计的型号和性能制定测定各金属元素的最佳测试条件。

（二）标准曲线的绘制

取 6 个 100mL 容量瓶,加入 0.01mg/mL 混合标准使用液,用0.07mol/L的 HCl 稀释到刻度,配制标准溶液系列,如表 2-3 所示。

表 2-3　标准溶液系列

编号	0	1	2	3	4	5
标准使用液体积(mL)	0.00	2.00	5.00	10.00	15.00	20.00
铅、镉、汞、铬浓度(mg/mL)	0.00	0.20	0.50	1.00	1.50	2.00

在原子吸收分光光度计的最佳测试条件下,测定各瓶溶液的吸光度,各浓度点做 3 次测定,取平均值,以吸光度的平均值对各相应金属的浓度(mg/mL)分别绘制标准曲线。

(三)样品的测定

按与标准曲线绘制相同的测试条件样品滤液(漆膜滤液)的吸光度,从标准曲线上查得相应的各元素的浓度值。

同时,另取一支 25mL 的比色管,不加样品粉末,按与样品处理和分析相同的步骤做试剂空白测定。

六、计算

$$\omega = \frac{(c-c_0) \times 25 \times 10^{-3}}{m}$$

式中:ω——涂料中可溶性金属相对于样品漆膜粉末的含量,g/kg;

    c——样品滤膜中金属元素的浓度,mg/L;

    c_0——试剂空白中金属元素的浓度,mg/L;

    m——样品漆膜粉末质量,g;

    25——浸提酸的总体积,mL;

    10^{-3}——mL 换算成 L 的换算系数。

模块三　室内主要污染物的测定

任务一　室内空气监测方案的制订

知识链接

室内空气监测方案的设计

一、采样点位的设置

采样点的布置同样会影响室内污染物检测的准确性,如果采样点布置不科学,所得的监测数据并不能科学地反映室内空气质量。

（一）布点的原则

采样点的选择应遵循下列原则:

(1)代表性　这种代表性应根据检测目的与对象来决定,以不同的目的来选择各自典型的代表,如可按居住类型分类、燃料结构分类、净化措施分类。

(2)可比性　为了便于对检测结果进行比较,各个采样点的各种条件应尽可能选择相类似的;所用的采样器及采样方法,应做具体规定,采样点一旦选定后,一般不要轻易改动。

(3)可行性　由于采样的器材较多,需占用一定的场地,故选点时,应尽量选有一定空间可供利用的地方,切忌影响居住者的日常生活。因此,应选用低噪声、有足够的电源的小型采样器材。

（二）布点方法

应根据检测目的与对象进行布点,布点的数量视人力、物力和财力情况,量力而行。

(1)采样点的数量,根据检测对象的面积大小和现场情况来决定,以期能正确反映室内空气污染的水平。公共场所可按 $100m^2$ 设 2～3 个点；居室面积小于 $50m^2$ 的房间设 1～3 个点，50～$100m^2$ 设 3～5 个点，$100m^2$ 以上至少设 5 个点。在对角线上或梅花式均匀分布。两点之间相距 5m 左右。为避免室壁的吸附作用或逸出干扰，采样点离墙应不少于 0.5m。

（2）采样点的分布，除特殊目的外，一般采样点分布应均匀，并离开门窗一定的距离，避开正风口，以免局部微小气候造成影响。在做污染源逸散水平监测时，可以污染源为中心在与之不同的距离（2cm、5cm、10cm）处设定。

（3）采样点的高度，与人的呼吸带高度相一致，相对高度 0.5～1.5m。

（4）室外对照采样点的设置，在进行室内污染监测的同时，为了掌握室内外污染的关系，或以室外的污染浓度为对照，应在同一区域的室外设置 1～2 个对照点。也可用原来的室外固定大气监测点做对比，这时室内采样点的分布，应在固定监测点的半径 500m 范围内才较合适。

二、采样时间和采样频率的确定

采样时间系指每次采样从开始到结束经历的时间，也称采样时段。采样频率是指在一定时间范围内的采样次数。这两个参数要根据检测目的、污染物分布特征及人力、物力等因素决定。

采样时间短，试样缺乏代表性，检测结果不能反映污染物浓度随时间的变化，仅适用于事故性污染、初步调查等情况的应急检测。为增加采样时间，一是可以增加采样频率，即每隔一定时间采样测定 1 次，取多个试样测定结果的平均值为代表值。第二种增加采样时间的方法是使用自动采样仪器进行连续自动采样，若再配用污染组分连续或间歇自动检测仪器，其检测结果能很好地反映污染物浓度的变化，得到任何一段时间的代表值。

（1）监测年平均浓度时，至少采样 3 个月；监测日平均浓度时，至少采样 18h；监测 8h 平均浓度至少采样 6h；监测 1h 平均浓度至少采样 45min；采样时间应涵盖通风最差的时间段。

（2）长期累计浓度的监测，这种监测多用于对人体健康影响的研究，一般采样需 24h 以上，甚至连续几天进行累计性的采样，以得出一定时间内的平均浓度。由于是累计式的采样，故样品分析方法的灵敏度要求就较低，缺点是对样品和监测仪器的稳定性要求较高。另外，样品的本底与空白的变异，对结果的评价会带来一定的困难，更不能反映浓度的波动情况和日变化曲线。

（3）短期浓度的监测，为了了解瞬时或短时间内室内污染物浓度的变化，可采用短时间的采样方法，间歇式或抽样检验的方法，采样时间为几分钟至 1h。短期浓度监测可反映瞬时的浓度变化，按小时浓度变化绘制浓度的日变化曲线，主要用于公共场所及室内污染的研究，只是本法对仪器及测定方法的灵敏度要求较高，并受日变化及局部污染变化的影响。

三、采样方式

（一）筛选法采样

采样前关闭门窗 12h，采样时关闭门窗，至少采样 45min。

（二）累积法采样

当采用筛选法采样达不到室内空气质量标准中室内空气监测技术导则规定的要求时，必须采用累积法（按年平均、日平均、8h 平均法）的要求采样。

四、采样记录

采样记录与实验室分析测定记录同等重要，具体记录见下一任务。

任务二　室内空气样品的采集

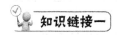 知识链接一

污染物的采样方法

样品采集的正确与否，直接关系到测定结果的可靠性，如果采样方法不正确或不规范，即使操作者再细心，实验室分析再精确，实验室的质量保证和质量控制再严格，也不会得出准确的测定结果。

根据被测污染物在空气中存在的状态和浓度水平以及所用的分析方法，按气态、颗粒态和两种状态共存的污染物，分别利用不同采样方法进行采样。

一、气态污染物的采样方法

（一）直接采样法

当空气中被测组分浓度较高，或所用的分析方法灵敏度很高时，可选用直接采取少量气体样品的采样法。用该方法测得的结果是瞬时或者短时间内的平均浓度，而且可以比较快的得到分析结果。直接采样法常用的容器有注射器采样、塑料带采样、采气管采样和真空瓶采样。

（二）有动力采样法

有动力采样法是用一个抽气泵，将空气样品通过吸收瓶（管）中的吸收介质，使空气样品中的待测污染物浓缩在吸收介质中。吸收介质通常是液体和多孔状的固体颗粒物，其目的不仅浓缩了待测污染物，提高了分析灵敏度，并有利于去除干扰

物和选择不同原理的分析方法。

室内空气中的污染物质浓度一般都比较低，虽然目前的测试技术有很大的进展，出现了许多高灵敏度的自动测定仪器，但是对许多污染物质来说，直接采样法远远不能满足分析的要求，故需要用富集采样法对室内空气中的污染物进行浓缩，使之满足分析方法灵敏度的要求。另一方面，富集采样时间一般比较长，测得结果代表采样时段的平均浓度，更能反映室内空气污染的真实情况。这种采样方法主要是液体吸收。

液体吸收法是用一个气体吸收管，内装吸收液，后面接有抽气装置，以一定的气体流量，通过吸收管抽入空气样品。当空气通过吸收液时，在气泡和液体的界面上，被测组分的分子被吸收在溶液中，取样结束后倒出吸收液，分析吸收液中被测物的含量，根据采样体积和含量计算室内空气中污染物的浓度。这种方法是气态污染物分析中最常用的样品浓缩方法，它主要用于采集气态和蒸气态的污染物。

（1）气体吸收原理　当空气通过吸收液时，在气泡和液体的界面上，被测组分的分子由于溶解作用或化学反应很快进入吸收液中。同时气泡中间的气体分子因存在浓度梯度和运动速度极快，能迅速扩散到气液界面上。因此，整个气泡中被测气体分子很快被溶液吸收。

溶液吸收法的吸收效率主要决定于吸收速度和样气与吸收液的接触面积。

欲提高吸收速度，必须根据被吸收污染物的性质选择效能好的吸收液。常用的吸收液有水、水溶液和有机溶剂等。按照它们的吸收原理可分为两种类型：一种是气体分子溶解于溶液中的物理作用，如用水吸收大气中的氯化氢、甲醛等；另一种吸收原理是基于发生化学反应，如用氢氧化钠溶液吸收大气中的硫化氢。理论和实践证明，伴有化学反应的吸收液吸收速度比单靠溶解作用的吸收液吸收速度快得多。因此，除采集溶解度非常大的气态物质外，一般都选用伴有化学反应的吸收液。吸收液的选择原则如下：

①与被采样的物质发生化学反应快或对其溶解度大；

②污染物质被吸收液吸收后，要有足够的稳定时间，以满足分析测定所需时间的要求；

③污染物质被吸收后，应有利于下一步分析测定，最好能直接用于测定；

④吸收液毒性小、价格低、易于购买，且尽可能回收利用。

（2）吸收管的种类　增大被采气体与吸收液接触面积的有效措施是选用结构适宜的吸收管（瓶）。常用的吸收管有气泡吸收管、冲击式吸收管、多孔筛板吸收瓶，如图 3-1 所示。气泡吸收管适用于采集气态和蒸气态物质，不适合采集气溶胶态物质；冲击式吸收管适宜采集气溶胶态物质，而不适合采集气态和蒸气态物质；多孔筛板吸收瓶，当气体通过吸收瓶的筛板后，被分散成很小的气泡，且滞留时间长，大大增加了气液接触面积，从而提高了吸收效果，除适合采集气态和蒸气态物质外，也能采集气溶胶态物质。

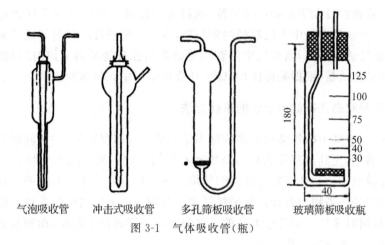

气泡吸收管　　冲击式吸收管　　多孔筛板吸收管　　玻璃筛板吸收瓶

图 3-1　气体吸收管(瓶)

(3)注意事项　在使用溶液吸收法时,应注意以下几个问题:

①当采气流量一定时,为使气液接触面积增大,提高吸收效率,应尽可能地使气泡直径变小,液体高度加大,尖嘴部的气泡速度减慢。但不宜过度,否则管路内压增加,无法采样。建议通过实验测定实际吸收效率来进行选择。

②由于加工工艺等问题,应对吸收管的吸收效率进行检查,选择吸收效率为90%以上的吸收管,尤其是使用气泡吸收管和冲击式吸收管时。

③新购置的吸收管要进行气密性检查,将吸收管内装适量的水,接至水抽气瓶上,两个水瓶的水面差为 1m,密封进气口,抽气至吸收管内无气泡出现,待抽气瓶水面稳定后,静置 10min,抽气瓶水面应无明显降低。

④部分方法的吸收液或吸收待测污染物后的溶液稳定性较差,易受空气氧化、日光照射而分解或随现场温度的变化而分解等,应严格按操作规程采取密封、避光或恒温采样等措施,并尽快分析。

⑤吸收管路的内压不宜过大或过小,可能的话要进行阻力测试。采样时,吸收管要垂直放置,进气管要置于中心的位置。

⑥现场采样时,要注意观察不能有泡沫抽出。采样后,用样品溶液洗涤进气口内壁三次,再倒出分析。

(三)被动式采样法

被动式采样器是基于气体分子扩散或渗透原理采集空气中气态或蒸气态污染物的一种采样方法,由于它不用任何电源或抽气动力,所以又称无泵采样器。这种采样器体积小,非常轻便,可制成一支钢笔或一枚徽章大小,用作个体接触剂量评价的监测,也可放在欲测场所,连续采样,间接用作环境空气质量评价的监测。目前,常用于室内空气污染和个体接触剂量的评价监测。

二、颗粒物的采样(气溶胶)

空气中颗粒物质的采样方法主要有滤料法和自然沉降法。自然沉降法主要用于采集颗粒物粒径大于 $30\mu m$ 的尘粒;滤料法根据粒子切割器和采样流速等的不同,分别用于采集空气中不同粒径的颗粒物,该方法是将过滤材料如滤膜放在采样夹上,用抽气装置抽气,则空气中的颗粒物被阻留在过滤材料上,称量过滤材料上富集的颗粒物质量,根据采样体积,即可计算出空气中颗粒物的浓度。

三、两种状态共存的污染物的采样方法

实际上,空气中的污染物大多数都不是以单一状态存在的,往往同时存在于气态和颗粒物中,尤其是部分无机污染物和有机污染物。所谓综合采样法就是针对这种情况提出来的。选择好合适的固体填充剂的填充柱采样管对某些存在于气态和颗粒物中的污染物也有较好的采样效率。若用滤膜采样器后接液体吸收管的方法,可实现同时采样。但这种方法的主要缺陷是采样流量受限制,而颗粒物需要在一定的速度下才能被采集下来。

所谓浸渍试剂滤料法,是将某种化学试剂浸渍在滤纸或滤膜上。这种滤纸适宜采集气态与气溶胶共存的污染物。采样中,气态污染物与滤纸上的试剂迅速反应,从而被固定在滤纸上。所以,它具有物理(吸附和过滤)和化学两种作用,能同时将气态和气溶胶污染物采集下来。浸渍试剂使用较广,尤其对于以蒸气和气溶胶状态共存的污染物是一个较好的采样方法。如用磷酸二氢钾浸渍过的玻璃纤维滤膜采集大气中的氟化物;用聚乙烯氧化吡啶及甘油浸渍的滤纸采集大气中的砷化物;用碳酸钾浸渍的玻璃纤维滤膜采集大气中的含硫化合物;用稀硝酸浸渍的滤纸采集铅烟和铅蒸气等。

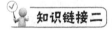 知识链接二

采样体积的计算

在有动力的采样中,所用流量计,除质量流量计外,大多数为体积流量计。体积流量计受采样系统中各种装置(如收集器、吸收管、滤膜采样夹、保护性过滤器和流量调节阀等)所产生的气阻和测定环境条件(如气温和大气压力)的影响。为此,校准流量计必须尽可能在使用状况下,按照实际采样方式进行。采样时,要记录温度和大气压力,将采样体积换算成标准状况下采样体积。计算公式如下。

$$V_0 = Vt \times \frac{T_0}{T} \times \frac{p}{p_0} = V_t \times \frac{273}{273+t} \times \frac{p}{101.325}$$

式中:V_0——标准状况下采样体积,L 或 m^3;

T_0——标准状况下的热力学温度,273K;

T——采样时的热力学温度(273+t),K;

t——采样时的温度,℃;

p_0——标准状况下的大气压力,101.325kPa;

p——采样时的大气压力,kPa。

如果流量计的刻度是标准状况下的流量,而且使用时的大气压力和温度与流量计校正时状况差别不大,无需再换算成标准状况下的采样体积。

 知识链接三

空气污染物浓度的表示方法

单位体积空气样品中所含有污染物的量,就称为该污染物在空气中的浓度。空气污染的浓度表示方法主要有两种。

一、质量浓度

以单位体积空气中所含污染物的质量数来表示。常用的有 mg/m³ 和 ppm。

二、体积浓度

体积浓度,即以单位体积空气中所含污染物气体或蒸气的体积数。常用的有 ppm(10^{-6})和 ppb(10^{-9})。换算关系:1ppm$=1\times10^{-6}$,1ppb$=1\times10^{-9}$。

国际标准化组织(ISO)以及我国排放标准和环境质量标准则采用质量和体积浓度表示。质量浓度表示法则对各种状态污染物均能适用,它与体积浓度表示法在标准状况下有如下换算关系。

由 ppm 换算成 mg/m³:

$$A(\mathrm{mg/m^3})=\frac{M\times E(\mathrm{ppm})}{22.4}$$

式中:M——污染物的相对分子质量;

A——污染物的质量浓度,mg/m³;

E——污染物的体积浓度,ppm;

22.4——在标准状况(0℃,101325Pa)下气体的摩尔体积,m³/mol。

【例 3-1】 在标准状况下,已知空气中 SO_2 的浓度为2ppm,试换算成 mg/m³。

解 $M(\mathrm{SO_2})=64$,由式 $A(\mathrm{mg/m^3})=\dfrac{M\times E(\mathrm{ppm})}{22.4}$ 得:

$$A=\frac{64\times2}{22.4}=5.71(\mathrm{mg/m^3})$$

此外,对个别空气污染浓度的表示方法不宜用上述方法表示,如降尘,以[吨/(km²·月)]表示。3,4-苯并芘,以 μg/m³ 表示。

技能训练一

大气采样器的使用

　　大气采样器是采集大气污染物或受到污染的大气的仪器或装置。大气采样器种类很多。按采集对象可分为气体(包括蒸气)采样器和颗粒物采样器两种;按使用场所可分为环境采样器、室内采样器(如工厂车间内使用的采样器)和污染源采样器(如烟囱采样器)。此外还有特殊用途的大气采样器,如同时采集气体和颗粒物的采样器,可采集大气中二氧化硫和颗粒物,或氟化氢和颗粒物等,便于研究气态和固态物质中硫或氟的相互关系。还有采集空气中细菌的采样器。

一、仪器的原理框图

　　一般使用的大气采样器原理如图 3-2 所示。

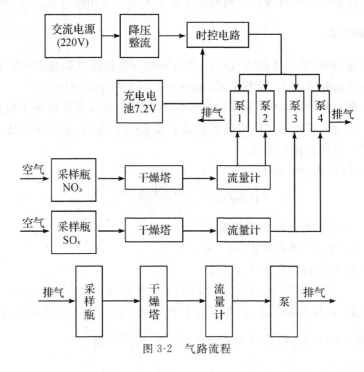

图 3-2　气路流程

二、仪器使用方法

(一)使用方法

1. 准备工作

(1)将仪器装上三脚架

展开三脚架,拧松其上端侧面的紧固螺栓,装上仪器三脚架底座连接杆,拧紧螺栓;从仪器包装皮箱中取出仪器,装入连接杆上。

(2)装采样吸收溶液

将装有吸收溶液的采样瓶装入仪器侧面挂好的采样瓶架上,并对应地连好气路。

2.使用方法

(1)开机仪器显示 1C:00:30,配合使用[移位]、[递增]键,可预置Ⅰ路泵采样时间。

(2)按[设定]键,显示 2C:00:30,配和使用[移位]、[递增]键,可预置Ⅱ路泵采样时间。

(3)按[设定]键,显示 CC:00:05,在此项中可设置延时开机时间(即在仪器内置标准时间基础上往后延迟一定的时间自动开机采样)。

(4)按[设定]键,显示 CR:00:00,此项(不能修改)显示为仪器内置标准时间,开机即自动走时;注意:至此所有参数都不能做任何修改,在此项中按一下[移位]键,可立即按照设定的采样时间开机采样;流量计侧面的指示灯亮,调节流量计旋钮,设置好采样流量,采样即开始。

(5)按[查询]键,依次显示 1L:00:00Ⅰ路累计采样时间、2L:00:00Ⅱ路累计采样时间、CC:00:05 延时开机时间。

(二)特别提示

(1)采样瓶的出气口接仪器背面的进气嘴。若将采样瓶的进气口连到了仪器背面的进气嘴,仪器启动后,会将吸收液吸入仪器内部的流量计、小泵中,造成流量计与小泵的腐蚀性损坏。

(2)使用交流电、充电方法:接入 220V 交流电,将背板上的充电开关置于"开"档,打开电源,仪器即可使用交流电工作;若关掉电源开关,仪器即可自动充电,充电时间为 12~15h。

三、注意事项

(1)当仪器显示 LLLLLL 时,仪器自动停止采样工作,但本次采样数据有效,请用户及时充电,否则影响正常采样工作。

(2)防止采样吸收液进入仪器中,须在采样瓶与仪器进气嘴之间串接一只缓冲干燥瓶。

(3)仪器长时间不用,在使用前应对仪器进行充电。

(4)更换保险管在 1~2A 中选取。

(5)注意保持仪器的清洁及配件的齐全。

(6)本仪器不能用于易燃易爆场所。

技能训练二

现场记录表的记录

采样记录与实验室分析测定记录同等重要。在实际工作中,不重视采样记录,往往会导致由于采样记录不完整而使一大堆监测数据无法统计而报废。因此,必须给予高度重视。采样记录是要对现场情况、各种污染物以及采样表格中采样日期、时间、地点、数量、布点方式、大气压力、气温、相对湿度、风速以及采样者签字等做出详细记录,随样品一同报到实验室。现场采样和分析记录见表3-1。

表 3-1　现场采样记录

采样地点:＿＿＿＿＿　　采样方法:＿＿＿＿＿　　污染物名称:＿＿＿＿＿

采样日期	样品号	采样时间		温度(℃)	湿度(%)	大气压(kPa)	流量(L/min)	采样体积/L			采样人
		开始	结束					时间(min)	体积(L)	标准体积(L)	

技能拓展

大气采样器的维护与保养

一、气路

漏气是气路中常见的故障,每次使用前应检查漏气。启动真空泵(下称压缩机),用手堵住进气口,流量计的浮子和负压表指针均回到零,表示不漏气;反之,则有漏气。常见的漏气部位和原因及其排除方法如表3-2所示。

表 3-2　采样器故障排除方法

部位及原因	排除方法
硅胶管老化开裂	更换硅胶管
吸收瓶上有砂眼或裂缝	更换吸收瓶
干燥瓶盖未拧紧或未垫橡胶垫,常常由于换硅胶、膜后未加注意	重新拧紧,加垫橡胶圈
干燥瓶粘合接缝处有细眼	用三氯甲烷重新粘合
流量计两头不密封,常常出现在流量计检修之后	仔细检查两头橡皮垫圈或塑料垫,将螺丝拧紧

应该指出,回流瓶开关接至压缩机的这段硅胶管(又称回油管)往往受到油浸而膨胀,容易脱落。压缩机内润滑油外喷,造成压缩机活塞咬死而烧毁。因此,对这根硅橡胶管要经常检查,必要时应做到立即关机进行更换。

压缩机是气路的心脏,机内需保持一定量的润滑油(18 号冷冻机油约 400mL),由于油的挥发,故需经常添加,切忌无油或少油运转。压缩机中润滑油发生变黑变稠,应立即更换。方法是关机断电,把压缩机倾斜 45°,让油从出油管中全部淌出;加注新油时,只要把回油管放入新油中,开机让压缩机产生负压即可将油吸入机中。

干燥瓶盖上的微孔滤膜长时间使用会发黑变脆,破碎的滤膜屑能堵塞后面的气孔。在压缩机停止工作时,若负压表的指针回零速度较慢,很大程度上表明微孔滤膜已被堵塞,此时应换膜。

干燥瓶中的硅胶干燥剂大部分已转为红色就要更换。否则,吸收液中的水分会被带入流量计,引起流量计腐蚀,堵塞气路或堵塞限流孔。一旦流量计进水或堵塞,应立即拆下用无水乙醇清洗,限流孔堵塞可用细铜丝对其进行疏通,疏通后,用无水乙醇浸泡、清洗、晾干,才可继续使用。吸收瓶接反也是影响气路正常工作的一个原因。

二、电路

环境温度低于吸收液预置温度,加热指示灯不亮,或环境温度高于吸收液预置温度,制冷指示灯也不亮时,可先检查指示灯,如灯未损坏,再检查后面板上的保险丝,如烧断,换新保险丝($BG \times P5 \times 20-8A$)。

采样时间失控很可能是起动器火花过大和 $2\mu F$ 电容被击穿,或是定时线路板失控所致。首先应检查起动继电器和 $2\mu F$ 电容器,再检查定时板,找出问题加以解决。如采样中途停电后又恢复供电,仪器所贮时间出现不正常显示时,先检查机内蓄电池的寿命。

吸收液预置温度失控,如是温控板失控,更换温控板;若是半导体制冷堆损坏,则需更换制冷堆。制冷堆放在吸收液保温槽的两侧,更换时动作要轻,防止制冷堆的散热片损坏。仪器中的轴流风机是对制冷堆进行通风,起着均衡吸收瓶保温槽温度的作用,一两个月要保养一次,可用毛刷轻轻刷去上面的灰尘,打开轴承橡胶盖,加注些滚珠轴承润滑脂或缝纫机油。否则,堆积的灰尘会将扇叶卡死,使轴流风机烧坏,破坏了制冷堆的热平衡,导致制冷堆烧毁。

仪器长期不用时,应切断电源,贮放在通风、干燥无灰尘处,梅雨季节要通电驱湿。

任务三　室内空气中氡的测定

知识链接

氡的特性、来源及危害

氡是由镭衰变产生的自然界唯一的天然放射性惰性气体,没有颜色,也没有任何气味。常温下氡及子体在空气中能形成放射性气溶胶而污染空气,易被呼吸系统截留,并在肺部不断累积而诱发肺癌。科学研究表明,氡对人体的辐射伤害占人体一生中所受到的全部辐射伤害的55%以上,其诱发肺癌的潜伏期大多都在15年以上,氡是导致人类肺癌的第一大"杀手",是除吸烟以外引起肺癌的第二大因素,世界卫生组织把它列为使人致癌的18种物质之一。

室内氡的来源主要有以下几个方面:

(1)从房基土壤析出的氡;

(2)从户外空气中进入室内的氡;

(3)从供水及用于取暖和厨房设备和天然气中释放的氡,这方面,只有水和天然气中含量比较多时,才会有危害。

氡对人体健康的危害主要表现为确定性效应和随机效应。

确定性效应表现为在高浓度氡的暴露下,机体出现血细胞的变化。氡与人体脂肪有很高的亲和力,特别是氡与神经系统结合后,危害更大。

随机效应主要表现为肿瘤的发生。由于氡是放射性气体,当人们吸入体内后,氡衰变产生的阿尔法粒子可进入人体的呼吸系统造成辐射损伤,诱发肺癌。

对于氡这种放射性物质对人体的伤害,国外一直十分重视。美国就将每年10月的第3周定为氡宣传周,以提高人们对氡危害的警惕性。我国也制定了氡含量的国家标准,国家标准《室内空气质量标准》(GB/T18883—2002)规定,室内空气中氡的限值为400Bq/m³。

技能训练

闪烁室(瓶)法测定室内空气中氡含量

国家标准《环境空气中氡的标准测量方法》(GB/T14582—1993)规定了室内空气中氡的测量方法主要有四种,即径迹蚀刻法、活性炭盒法、双滤膜法和气球法。活性炭盒法以其测量结果准确、操作简便、测量期间不需要电源、体积小、便于布放等特点在工程检测中得到了较广泛的应用。

一、方法原理

闪烁室原理是用泵将空气引入圆柱形有机玻璃制成的闪烁瓶中,也可以预先将闪烁瓶抽成真空,在现场打开开关,以实现无动力采样。含氡空气样品进入闪烁瓶中,氡和衰变子体发射的 α 粒子使闪烁室壁上的 ZnS(Ag)晶体产生闪光,由光电倍增管把这种光信号转变为电脉冲,经电子学测量单元通过脉冲放大、甄别后被定标线路记录下来,贮存于连续探测器的记忆装置中。单位时间内的电脉冲数与氡浓度成正比,由此可以确定氡浓度。

二、仪器结构

典型的测量装置由探头、高压电源和电子学分析记录单元组成。探头由闪烁瓶、光电倍增管和前置放大单元组成。

记录和数据处理系统:可用定标器和打印机,也可用多道脉冲幅度分析器和 x-y 绘图仪。

三、试剂、材料和装置

(1)闪烁瓶:内壁均匀涂以 ZnS(Ag)涂层。

(2)探测器:由光电倍增管和前置放大器组成;光电倍增管必须选择低噪声、高放大倍数的光电倍增管,工作电压低于 1000V。前置单元电路应是深反馈放大器输出脉冲幅度为 0.1~10V。

(3)高压电源:输出电压应在 0~3000V 范围连续可调,波纹电压不大于 0.1%,电流应不小于 100mA。

(4)录入和数据处理系统:由定标器和打印机组成,也可接 x-y 绘图仪。

四、采样和测量步骤

(1)采样点的确定,选择能代表待测空间的最佳采样点。记录好采样器的编号、采样时间、采样点的位置。

（2）采样，将抽成真空的闪烁瓶带到待测点，然后打开阀门约 10s 后，关闭阀门，带回实验室待测。记录采样时间、气压、温度、湿度等。

（3）稳定性和本底测量，在测定的测量条件下，进行本底稳定性测量和本底测量。

（4）样品测量，将待测已采样的闪烁瓶避光保存 3h，在规定的测量条件下进行计数测量。根据测量精度的要求，选择适当的测量时间。

（5）测量后，必须及时用无氡气的气体清洗闪烁瓶，以保持本底状态。

五、结果计算

$$c_{Rn} = \frac{K_s(n_c - n_b)}{V(1 - e^{\lambda})}$$

式中：c_{Rn}——氡浓度，Bq/m³；

　　　K_s——刻度因子，Bq/cpm；

　　　n_c, n_b——分别表示样品和本底的计数率，cpm；

　　　V——采样体积，m³；

　　　λ——222Rn 衰变常数，h⁻¹；

　　　t——样品封存时间，h。

 **技能拓展**

FD216 氡检测仪测定室内空气中氡含量

FD216 现场环境氡测量仪是在现场瞬时测量环境氡和土壤氡的仪器。用于工业、建筑业、环保、航空航天等部门。

该仪器具有灵敏度高、成本低、轻便、智能化、操作方便等特点，特别是用于室内外空气中氡的测量，还可用于土壤中氡的测量。

一、原理

FD216 氡气监测仪以闪烁室法为基础，用气泵将含氡的空气经干燥塔滤汽吸入闪烁室，氡及其子体发射的 α 粒子使闪烁室内的 ZnS(Ag) 柱状体产生闪光，光电倍增管再把这种光讯号变成电脉冲，由单片机构成的控制、测量电路，把探测器输出的氡脉冲放大、整形，进行定时计数，单位时间内的脉冲数与氡浓度成正比，从而确定空气中氡的浓度。

二、操作步骤

（1）将仪器放置在采样点处，接通仪器电源，交流供电时，把交流电源线插入

"AC220V"电源座,然后将开关 K_2 拨向"交流"挡。用电池供电时,把 K_1 拨向"供电",K_2 拨向"电池"。打开开关,预热 30min。

（2）仪器出厂时,测量空气氡的本底和系数都已设置,仪器的本底值在测量过程中是不变的,系数只有在测量空气和测量土壤转换时才需要重新置入。

（3）空气中氡浓度的测量:

①空气测量时的参数详见表 3-3。

表 3-3　空气测量时的参数

按键	显示	输入	显示
【系数】	【本底 00】	[0][2]	【本底 02】
【上挡】	【系数 000】	[0][3][7]	【系数 0.37】
【预置】	测量点号 00	[0][1]	测量点号 01
【上挡】	充气时间 00	[1][0]	充气时间 10
	测量时间 00	[2][0]	测量时间 20
	排气时间 00	[0][1]	排气时间 01

②可开始测量。空气测量时,如只需测量一点,按"点测",即开始测量。如需多个点测量则按"连测"。

③测量结束后,若现场打印数据,则按"打印"键,再按"确认"键即可完成打印。

任务四　有机物甲醛的测定

 知识链接

甲醛的特性、来源及危害

一、物理化学性质

甲醛,化学式 HCHO,分子量 30.03,又称蚁醛,是最简单和最常见的醛化合物。气体相对密度 1.067（空气＝1）,液体密度 0.815g/cm³（－20℃）。熔点 －92℃,沸点－19.5℃。易溶于水和乙醇。水溶液的浓度最高可达 55%,通常是 40%,称作甲醛水,俗称福尔马林（formalin）,是有刺激气味的无色液体。纯甲醛在常温下为无色气体,有窒息、强烈刺激性气味,尤其对于眼睛和粘膜有刺激作用,易溶解于水、醇、醚。

甲醛有强还原作用,特别是在碱性溶液中。能燃烧,蒸气与空气形成爆炸性混合物,爆炸极限 7%～73%(体积)。着火温度约 300℃。

甲醛可由甲醇在银、铜等金属催化下脱氢或氧化制得,也可由烃类氧化产物分出。用作农药和消毒剂,制酚醛树脂、脲醛树脂、维纶、乌洛托品、季戊四醇和染料等的原料。工业品甲醛溶液一般含 37%甲醛和 15%甲醇,作阻聚剂,沸点 101℃。

二、来源

(1)来自室外空气的污染:工业废气、汽车尾气、光化学烟雾等在一定程度上均可排放或产生一定量的甲醛,但是这一部分含量很少。据有关报道显示,城市空气中甲醛的年平均浓度大约是 0.005～0.01mg/m³,一般不超过 0.03mg/m³,这部分气体在一些时候可进入室内,是构成室内甲醛污染的一个来源。

(2)来自室内本身的污染:主要以建筑材料、装修物品及生活用品等化工产品在室内的使用为主,同时也包括燃料及烟叶的不完全燃烧等一些次要因素。甲醛具有较强的粘合性,同时可加强板材的硬度和防虫、防腐能力,因此目前市场上的各种刨花板、中密度纤维板、胶合板中均使用以甲醛为主要成分的脲醛树脂作为胶粘剂,因而不可避免地会含有甲醛。另外新式家具、墙面、地面的装修辅助设备中都要使用胶粘剂,因此凡是有用到胶粘剂的地方总会有甲醛气体的释放,对室内环境造成危害。由于由脲醛树脂制成的脲-甲醛泡沫树脂隔热材料有很好的隔热作用,因此常被制成建筑物的围护结构,使室内温度不受室外的影响。此外甲醛还可来自化妆品、清洁剂、杀虫剂、消毒剂、防腐剂、印刷油墨、纸张等。

从总体上说室内环境中甲醛的来源还是很广泛的,一般新装修的房子其甲醛的含量可超标 6 倍以上,个别则有可能超标达 40 倍以上。经研究表明甲醛在室内环境中的含量和房屋的使用时间、温度、湿度及房屋的通风状况有密切的关系。在一般情况下,房屋的使用时间越长,室内环境中甲醛的残留量越少;温度越高,湿度越大,越有利于甲醛的释放;通风条件越好,建筑、装修材料中甲醛的释放也相应越快。

三、危害

甲醛已经被世界卫生组织确定为致癌和致畸形物质,是公认的变态反应源,也是潜在的强致突变物之一。

侵入途径:吸入、食入、经皮吸收。

健康危害:本品对粘膜、上呼吸道、眼睛和皮肤有强烈刺激性。接触其蒸气,引起结膜炎、角膜炎、鼻炎、支气管炎;重者发生喉痉挛、声门水肿和肺炎等。对皮肤有原发性刺激和致敏作用;浓溶液可引起皮肤凝固性坏死。口服灼烧口腔和消化道,可致死。其浓度达到 0.06～0.07mg/m³ 时,儿童就会发生轻微气喘。当室内空气中甲醛含量为 0.1mg/m³ 时就有异味和不适感;达到 0.5mg/m³ 时,可刺激眼睛,引起流泪;达到 0.6mg/m³,可引起咽喉不适或疼痛。浓度更高时,可引起恶心呕吐,咳嗽胸闷,气喘甚至肺水肿;达到 30mg/m³ 时,会立即致人死亡。

慢性影响:长期低浓度接触甲醛蒸气,可出现头痛、头晕、乏力、两侧不对称感觉障碍和排汗过盛以及视力障碍。能抑制汗腺分泌,长期接触可致皮肤干燥皲裂。

甲醛是一种具强还原性的原生质毒素,进入人体器官后,能与蛋白质的氨基结合生成所谓甲酰化蛋白而残留在体内,其反应速度受 pH 值温度的显著影响。进入人体的甲醛亦可能转化成甲酸强烈地刺激粘膜,并逐渐排出体外。

世界卫生组织(WHO)工作组曾对甲醛规定了它的嗅觉、眼睛刺激和呼吸道刺激潜在致癌力的阈值,并指出当甲醛的室内环境浓度超标 10% 时,就应引起足够的重视。

 技能训练

酚试剂分光光度法测定室内空气中甲醛含量

一、原理

空气中的甲醛用大型气泡吸收管采集,与酚试剂反应生成吖嗪(Azine),在酸性溶液中,吖嗪被铁离子氧化生成蓝色化合物,在 630nm 波长测量吸光度,进行定量。

二、仪器

(1)大型气泡吸收管:有 10mL 刻度线。出气口内径为 1mm,出气口至管底距离等于或小于 5mm。

(2)空气采样器,流量 0~500mL/min。

(3)具塞比色管,10mL。

(4)分光光度计。

三、试剂

(1)实验用水为蒸馏水。

(2)酚试剂溶液:溶解 0.1g 酚试剂[3-甲基-2-苯并噻唑腙盐酸盐(MBTH)]于 50mL 水中,并稀释至 100mL。置棕色瓶冰箱保存,可稳定 3 天。采样时取 5.0mL 原液加入 95mL 水,即为吸收液。

(3)1% 硫酸铁铵溶液:称取 1g 硫酸铁铵[$NH_4Fe(SO_4)_2 \cdot 12H_2O$,优级纯],用 0.1mol/L 盐酸溶液溶解,并稀释至 100mL。

(4)甲醛标准溶液:取 2.8mL 甲醛溶液(36%~38%),用水稀释至 1L,此甲醛

溶液标定后为标准贮备液,至少可以稳定 3min。临用前,用水稀释成 $1.0\mu g/mL$ 甲醛标准溶液。或用国家认可的标准溶液配制。配制好后放置 30min 后,再用于配制标准色列管。此标准溶液可稳定 24h。

甲醛溶液浓度标定:取 20.0mL 此溶液于 250mL 碘量瓶中,加入 20.0mL 碘溶液(0.050mol/L,12.7g 升华碘和 30g 碘化钾,溶于水,并稀释至 1L),加 15mL 氢氧化钠溶液(1mol/L),放置 15min。加 20mL 硫酸溶液(0.5mol/L),再放置 15min;用硫代硫酸钠溶液(0.0110mol/L)滴定至溶液呈淡黄色时,加入 1mL 淀粉溶液(10g/L),继续滴定至无色。同时滴定一个试剂空白(水)。由下式计算溶液中甲醛的浓度:

$$甲醛浓度(mg/mL) = \frac{1.5(V_1 - V_2)}{20.0}$$

式中:V_1,V_2 分别为滴定试剂空白和甲醛溶液用去的硫代硫酸钠溶液的体积,mL;1.5 为 1mL 碘溶液相当于甲醛的量,mg。

四、样品的采集、运输和保存

用一个内装 5.0mL 吸收液的大型气泡吸收管,以 0.5L/min 流量,采集 20min。并记录采样点的温度和大气压力。采样后,立即封闭进出气口,置清洁容器内运输和保存。样品在室温下应在 24h 内分析。

五、分析步骤

(1)标准曲线的绘制:取 9 支 10mL 具塞比色管,按表 3-4 配制标准色列。然后向各管中加 1% 硫酸铁铵溶液 0.4mL 摇匀。在室温下显色 20min。在波长 630nm 处,用 1cm 比色皿,以水为参比,测定吸光度。以甲醛含量为横坐标,吸光度为纵坐标,绘制标准曲线,并计算标准曲线斜率,以斜率倒数作为样品测定的计算因子 B_g(μg/吸光度)。

表 3-4　甲醛标准色列管

管号	0	1	2	3	4	5	6	7	8
标准溶液(mL)	0.00	0.10	0.20	0.40	0.60	0.80	1.00	1.50	2.00
吸收溶液(mL)	5.00	4.90	4.80	4.60	4.40	4.20	4.00	3.50	3.00
甲醛含量(g)	0.00	0.10	0.20	0.40	0.60	0.80	1.00	1.50	2.00

(2)样品测定:采样后,将样品溶液全部转入比色管中,用少量吸收液洗吸收管,合并使其体积为 5mL。按制作标准曲线的操作步骤测定吸光度。

在每批样品测定的同时,用 5mL 未采样的吸收液,按相同步骤作试剂空白值测定。

六、计算

(1)将采样体积换算成标准采样体积。

(2)按下式计算空气中甲醛的浓度：

$$c = \frac{(A - A_0) B_g}{V_0}$$

式中：c——空气中甲醛的浓度，mg/m^3；

A——样品溶液的吸光度；

A_0——试剂空白溶液的吸光度；

B_g——用标准溶液绘制标准曲线得的计算因子，$\mu g/$吸光度；

V_0——标准状况下的采样体积，L。

七、注意事项

当与二硫化碳共存时，会使结果偏低，可以在采样时，使气体先通过装有硫酸锰滤纸的过滤器，以排除二硫化碳的干扰。

表 3-5　酚试剂分光光度法测定室内空气中甲醛含量标准曲线记录

标准曲线名称：_____　　　标准溶液来源：_____

使用项目：_____　　　方法依据：_____　　　曲线编号：_____

测定波长：_____　　　参比溶液：_____　　　比色皿厚度：_____

仪器型号：_____　　　仪器编号：_____　　　绘制日期：_____

管号	0	1	2	3	4	5	6	7	8
标准溶液,mL	0.00	0.10	0.20	0.40	0.60	0.80	1.00	1.50	2.00
吸收液,mL	5.00	4.9	4.80	4.60	4.40	4.20	4.00	3.50	3.00
甲醛含量,g	0	0.1	0.2	0.4	0.6	0.8	1.0	1.5	2.0
吸光度 A									
标准曲线	以甲醛含量为横坐标,吸光度为纵坐标,绘制标准曲线								

线性回归方程　$Y = a + bX$,　　　　$r =$ _____,　　计算因子 $B_g =$ _____

填表人：_____　　　校核人：_____　　　审核人：_____

表 3-6　酚试剂分光光度法测定室内空气中甲醛含量数据记录

样品名称：_____　　方法依据：_____　　采样日期：_____
仪器型号：_____　　仪器编号：_____　　分析日期：_____
测定波长：_____　　参比溶液：_____　　比色皿厚度：_____

计算公式：_____　　　$c = \dfrac{(A - A_0)B_g}{V_0}$

样品测定次数	1	2	3	平均值
样品吸光度 A				
空白吸光度 A_0				
$A - A_0$				
样品的浓度(mg/m^3)				

填表人：_____　　　　校核人：_____　　　　审核人：_____

表 3-7　酚试剂分光光度法测定室内空气中甲醛含量的技能考核标准

序号	内容	操作	得分
1	仪器和设备的准备	1. 气泡吸收管	3
2		2. 大气采样器	3
3		3. 具塞比色管	3
4		4. 比色皿	3
5	试剂和材料的准备	1. 酚试剂吸收原液的配制	6
6		2. 酚试剂吸收液的配制	6
7		3. 1% 硫酸铁铵溶液的配制	6
8		4. 甲醛标准溶液的配制	10
9	采样	1. 布点	4
10		2. 大气采样器的使用和操作	4
11		3. 采样流量控制	4
12		4. 采样环境记录	4
13	绘制标准曲线	1. 制备标准色列管	8
14		2. 分光光度计的使用和操作、比色测定	10
15		3. 绘制标准曲线	6
16	样品测定	1. 取样	5
17		2. 样品测定、试剂空白值测定	5
18	计算	1. 计算因子	3
19		2. 甲醛浓度	4
20		3. 测定结果的精密度	3
		总得分	

采样时间(min)	采样体积(L)	采样温度(℃)	大气压力(kPa)

标准采样体积　$V_0 = V \times \dfrac{273}{273 + t} \times \dfrac{p}{101.3}$

方程相关系数	计算因子	A	A 平均值	A_0	甲醛浓度(mg/m^3)

评分人(签字)：　　　　　　　　　　　　　日期：

技能拓展

乙酰丙酮法测定室内空气中甲醛含量

一、原理

甲醛气体经水吸收后,在 pH＝6 的乙酸-乙酸铵缓冲溶液中,与乙酸丙酮作用,在沸水条件下,迅速生成稳定的黄色化合物,在波长 413nm 处测定吸光度。根据溶液颜色的深浅,用分光光度法测定甲醛的浓度。

二、测定范围

在采样体积为 0.5～10.0L 时,测定范围为 0.5～800mg/m^3。

三、仪器及设备

(1)空气采样器:流量范围 0.2～1.0L/min。

(2)大型气泡吸收管,有 10mL 刻度。

(3)具塞比色管:有 10mL 刻度。

(4)分光光度计。

四、试剂和材料

(1)二次蒸馏水。

(2)0.25％(体积分数)乙酰丙酮溶液:称 25g 乙酸铵,加少量水溶解,加 3mL 冰乙酸及 0.5mL 新蒸馏的乙酰丙酮,混匀再加水至 100mL,调 pH＝6.0。此溶液于 2～5℃储存,可稳定 1 个月。

(3)甲醛标准储备溶液的配置和标定方法同酚试剂分光光度法。

(4)甲醛标准溶液:将甲醛标准储备液稀释成 5.00μg/mL,甲醛标准溶液,2～5℃储存,可稳定 1 周。

五、采样

用一个内装 5.0mL 水及 1.0mL 乙酰丙酮溶液的气泡吸收管,以 0.5L/min 的流量,采气 30L。填写室内空气采样记录表。

六、分析步骤

1. 标准曲线的绘制

用标准溶液绘制标准曲线:取 8 支 10mL 具塞比色管,按表 3-8 制备标准色列管。各管混匀后,在室温下放置 2h,使其显色完全后,在波长 413nm 处,用 1cm 比色皿,以水作为参比,测定吸光度。以吸光度对甲醛含量绘制标准曲线。

表 3-8　甲醛标准色列管

管　号	0	1	2	3	4	5	6	7
水(mL)	5.00	4.90	4.80	4.60	4.40	4.00	3.00	2.00
乙酰丙酮溶液(mL)	1.00	1.00	1.00	1.00	1.00	1.00	1.00	1.00
甲醛标准溶液(mL)	0.00	0.10	0.20	0.40	0.60	1.00	2.00	3.00
甲醛含量(μg)	0.00	0.50	1.00	2.00	3.00	5.00	10.00	15.00

2. 样品测定

采样后,样品在室温下放置 2h,然后将样品溶液移入比色管中,按作标准曲线的步骤进行分光光度测定。

七、结果计算

(1)将采样体积按下面公式换算成标准状况下的采样体积:

$$V_0 = V \times \frac{273}{273+t} \times \frac{p}{101.3}$$

式中:V_0——换算成标准状况下的采样体积,L;

　　　V——采样体积,L;

　　　t——采样时的现场温度,℃

　　　p——采样时采样点的大气压力,kPa。

(2)空气中甲醛浓度按下面公式计算:

$$c = \frac{(A-A_0)B_s}{V_0}$$

式中:c——空气中甲醛浓度,mg/m^3;

　　　A——样品溶液的吸光度;

　　　A_0——试剂空白溶液的吸光度;

　　　B_s——用标准溶液绘制标准曲线得到的计算因子,μg/吸光度;

　　　V_0——标准状况下的采样体积,L。

表 3-9 乙酰丙酮分光光度法测定室内空气中甲醛的标准曲线记录

标准曲线名称：_____   标准溶液来源：_____
适用项目：_____   方法依据：_____   曲线编号：_____
测定波长：_____   参比溶液：_____   比色皿厚度：_____
仪器型号：_____   仪器编号：_____   绘制日期：_____

管号	0	1	2	3	4	5	6	7
甲醛标准吸收液(mL)	0.00	0.10	0.20	0.40	0.60	1.00	2.00	3.00
甲醛含量(μg)	0.00	0.50	1.00	2.00	3.00	5.00	10.00	15.00
吸光度 A								
标准曲线	以甲醛含量为横坐标,吸光度为纵坐标,绘制标准曲线							
线性回归方程	$y = a + bx$, $r=$_____. 计算因子 $B=$_____							

填表人：_____   校核人：_____   审核人：_____

表 3-10 乙酰丙酮分光光度法测定室内空气中甲醛的数据记录

样品名称：_____   方法依据：_____   采样日期：_____
仪器型号：_____   仪器编号：_____   分析日期：_____
测定波长：_____   参比溶液：_____   比色皿厚度：_____

公式：$c = \dfrac{(A - A_0) B_s}{V_0}$

样品测定次数	1	2	3	平均值
样品吸光度 A				
空白吸光度 A_0				
$A - A_0$				
样品的浓度(mg/m^3)				

任务五 苯及苯系物的测定

 知识链接

苯及苯系物的特性、来源及危害

一、苯

(一)苯的性质

苯(C_6H_6)为无色或浅黄色透明油状液体,具有强烈的芳香气味,易挥发为蒸

气。相对分子质量78.11,密度0.978g/mL(20℃),熔点5.5℃,沸点80.1℃,蒸气相对密度(对空气)2.71。苯蒸气与空气可形成爆炸混合物。苯微溶于水,易溶于乙醚、乙醇、氯仿、二硫化碳等有机溶剂。

（二）苯的来源

苯在工农业中,主要用作脂肪、油墨、涂料及橡胶的溶剂;用作种子油和坚果油的提取;在印刷业和皮革工业中用作溶剂;也用于制造洗涤剂、农业杀虫剂;精密光学仪器和电子工业用作溶剂和清洗剂;在日常生活中,苯也用作装饰材料、人造板家具中的胶粘剂和油漆、涂料、空气消毒剂和杀虫剂的溶剂。

（三）苯的毒性和危害

苯对皮肤、眼睛和上呼吸道有刺激作用。吸入液态苯能引起肺水肿和出血,苯可以造成皮肤脱脂,引起红斑、起疱干燥和鳞状皮炎。

(1)急性中毒　急性中毒是在短时间内吸入高浓度苯蒸气引起的。主要影响中枢神经系统功能,出现兴奋或酒醉感及头痛、头晕、恶心、步态不稳,重症者可昏迷、抽搐,严重时可因呼吸及循环衰竭而死亡,同时伴有粘膜刺激症状。

(2)慢性中毒　慢性中毒开始时齿龈和鼻粘膜处有类似坏血病的出血症,易引起皮肤出血,并伴有头晕、头痛、乏力和失眠等症状。初期的红细胞、白细胞和血小板计数可稍增多,以后出现白细胞减少,主要是粒细胞减少和血小板减少,严重时可导致再生障碍性贫血。慢性苯中毒经治疗后是可以恢复的。若造血功能完全被破坏,可发生致命的颗粒性白细胞消失症。经常接触苯,皮肤可因脱脂而变干燥,脱屑,有的出现过敏性湿疹。女性对苯及其同系物危害较男性敏感,可引起女性月经过多,经期延长,自然流产率和新生儿低体重发生率增高。也有报道苯对孕妇和胎儿发育也有影响。苯是人类已知的致癌物。

二、甲苯

（一）甲苯的性质

甲苯(C_7H_8),无色透明液体,有类似苯的芳香气味,不溶于水,可混溶于苯、醇、醚等多数有机溶剂中,沸点110.6℃,相对密度0.87,其蒸气对空气相对密度为3.14。

（二）甲苯的来源

甲苯主要来源于一些溶剂、香水、洗涤剂、墙纸、胶粘剂、油漆等,在室内环境中吸烟产生的甲苯量也是十分可观的。据美国EPA统计数据显示,无过滤嘴香烟,主流烟中甲苯含量大约是$100\sim200\mu g$,侧/主流烟甲苯浓度比值1.3。

（三）甲苯的毒性和危害

甲苯进入体内以后约有48%在体内被代谢,经肝脏、脑、肺和肾最后排出体外,在这个过程中会对神经系统产生危害,实验证明当血液中甲苯浓度达到$1250mg/m^3$时,接触者的短期记忆能力、注意力、持久性以及感觉运动速度均显著降低。

三、二甲苯的特性、来源及危害

（一）二甲苯的性质

二甲苯（C_8H_{10}），二甲苯有邻二甲苯，对二甲苯和间二甲苯，都为无色透明液体，具有芳香气味，不溶于水，能与乙醇、乙醚、丙酮等有机溶剂混溶，易燃有毒。

（二）二甲苯的来源

二甲苯来源于溶剂、杀虫剂、聚酯纤维、胶带、胶粘剂、墙纸、油漆、湿处理影印机、压板制成品和地毯等。

（三）二甲苯的毒性和危害

二甲苯包括邻二甲苯、对二甲苯和间二甲苯，以间位比例最大，可达60％～70％，对位含量最低。二甲苯可经呼吸道、皮肤及消化道吸收，其蒸气经呼吸道进入人体，有部分经呼吸道排出，吸收的二甲苯在体内分布以脂肪组织和肾上腺中最多，后依次为骨髓、脑、血液、肾和肝。工业用二甲苯三种异构体的毒性略有差异，均属低毒类。吸入高浓度的二甲苯可使食欲丧失、恶心、呕吐和腹痛，有时可引起肝肾可逆性损伤。同时二甲苯也是一种麻醉剂，长期接触可使神经系统功能紊乱。

技能训练

二硫化碳提取气相色谱法测定室内空气中的苯及苯系物

一、原理

空气中的苯、甲苯、二甲苯、乙苯和苯乙烯用活性炭管采集，二硫化碳解吸后进样，经色谱柱分离，氢焰离子化检测器检测，以保留时间定性，峰高或峰面积定量。

二、仪器

（1）活性炭管，溶剂解吸型，内装100mg/50mg活性炭。

（2）空气采样器，流量0～500mL/min。

（3）溶剂解吸瓶，5mL。

（4）微量注射器，10mL。

（5）气相色谱仪，氢焰离子化检测器。

仪器操作条件

色谱柱1：2m×4mm，PEG 6000（或 FFAP）：6201 红色担体=5：100。

色谱柱2：2m×4mm，邻苯二甲酸二壬酯（DNP）：有机皂土-34：Shimalite 担体=5：5：100。

色谱柱 3：30m×0.53mm×0.2μm，FFAP。

柱　温：80℃；

汽化室温度：150℃；

检测室温度：150℃；

载气（氮气）流量：40mL/min。

三、试剂

（1）二硫化碳，色谱鉴定无干扰杂峰。

（2）PEG6000、FFAP、DNP 和有机皂土-34，均为色谱固定液。

（3）6201 红色担体和 Shimalite 担体，60～80 目。

（4）标准溶液：加约 5mL 二硫化碳于 10mL 容量瓶中，用微量注射器准确加入 10mL 苯、甲苯、二甲苯、乙苯或苯乙烯（色谱纯；在 20℃，1mL 苯、甲苯、邻二甲苯、间二甲苯、对二甲苯、乙苯和苯乙烯分别为 0.8787mg、0.8669mg、0.8802mg、0.8642mg、0.8611mg、0.8670mg、0.9060mg），用二硫化碳稀释至刻度，为标准溶液。或用国家认可的标准溶液配制。

四、样品的采集、运输和保存

现场采样按照 GBZ 159 执行。

（1）短时间采样：在采样点，打开活性炭管两端，以 100mL/min 流量采集 15min 空气样品。

（2）长时间采样：在采样点，打开活性炭管两端，以 50mL/min 流量采集 2～8h 空气样品。

（3）个体采样：在采样点，打开活性炭管两端，佩戴在采样对象的前胸上部，尽量接近呼吸带，以 50mL/min 流量采集 2～8h 空气。

采样后，立即封闭活性炭管两端，置清洁容器内运输和保存。样品置冰箱内至少可保存14d。

五、分析步骤

（1）对照试验：将活性炭管带至采样地点，除不连接采样器采集空气样品外，其余操作同样品，作为样品的空白对照。

（2）样品处理：将采过样的前后段活性炭分别放入溶剂解吸瓶中，各加入 1.0mL二硫化碳，塞紧管塞，振摇 1min，解吸 30min。解吸液供测定。若浓度超过测定范围，用二硫化碳稀释后测定，计算时乘以稀释倍数。

（3）标准曲线的绘制：用二硫化碳稀释标准溶液成表 3-11 所列标准系列。

表 3-11　标准系列

管号	0	1	2	3	4
苯浓度(g/mL)	0.0	13.7	54.9	219.7	878.7
甲苯浓度(g/mL)	0.0	13.6	54.2	216.7	866.9
邻二甲苯浓度(g/mL)	0.0	13.8	55.0	220.0	880.2
对二甲苯浓度(g/mL)	0.0	13.5	54.0	216.0	864.2
间二甲苯浓度(g/mL)	0.0	13.4	53.8	215.3	861.1
乙苯浓度(g/mL)	0.0	13.5	54.2	216.8	867.0
苯乙烯浓度(g/mL)	0.0	14.2	56.6	226.6	906.0

参照仪器操作条件,将气相色谱仪调节至最佳测定状态,分别进样 1.0mL,测定各标准系列。每个浓度重复测定 3 次。以测得的峰高或峰面积均值分别对苯、甲苯、二甲苯、乙苯或苯乙烯浓度(μg/mL)绘制标准曲线。

(4)样品测定:用测定标准系列的操作条件测定样品和空白对照的解吸液;测得的样品峰高或峰面积值减去空白对照峰高或峰面积值后,由标准曲线得苯、甲苯、二甲苯、乙苯或苯乙烯的浓度(μg/mL)。

六、计算

(1)按式(1)将采样体积换算成标准采样体积:

$$V_0 = V \times \frac{273}{273+t} \times \frac{p}{101.3} \tag{1}$$

式中:V_0——标准采样体积,L;

V——采样体积,L;

t——采样点的温度,℃;

p——采样点的大气压,kPa。

(2)按式(2)计算空气中苯、甲苯、二甲苯、乙苯或苯乙烯的浓度。

$$c = \frac{(c_1+c_2)V}{V_0 D} \tag{2}$$

式中:c——空气中苯、甲苯、二甲苯、乙苯或苯乙烯的浓度,mg/m³;

c_1,c_2——测得前后段解吸液中苯、甲苯、二甲苯、乙苯或苯乙烯的浓度,μg/mL;

V——解吸液的体积,mL;

V_0——标准采样体积,L;

D——解吸效率,%。

(3)时间加权平均容许浓度按 GBZ 159 规定计算。

七、说明

(1)本法的检出限、最低检出浓度(以采集 1.5L 空气样品计)、测定范围、相对标准偏差、穿透容量(100mg 活性炭)和解吸效率见表 3-12。每批活性炭管必须测定其解吸效率。

表 3-12 方法的性能指标

化合物	检出限 (μg/mL)	最低检出 浓度(mg/m³)	测定范围 (μg/mL)	相对标准 偏差(%)	穿透容量 (mg)	解吸效率 (%)
苯	0.9	0.6	0.9~40	4.3~6.0	7	>90
甲苯	1.8	1.2	1.8~100	4.7~6.3	13.1	>90
二甲苯	4.9	3.3	4.9~600	4.1~7.2	10.8	>90
乙苯	2	1.3	2~1000	2	20	>90
苯乙烯	2.5	1.7	2.5~400	4.2~5.3	6.9	79.5

(2)本法的色谱柱 1 不能分离对二甲苯和间二甲苯、乙苯和二甲苯,因此不能同时测定。色谱柱 2 和 3 则可同时测定所有待测物。毛细管柱法也可采用其他孔径的毛细管色谱柱以及分流或不分流进行测定。如表 3-13 所示。

表 3-13 气相色谱法测定室内空气中的苯及苯系物的技能考核标准

序号	内容	操作	得分
1	仪器和设备的准备	1.活性炭采样管	4
2		2.大气采样器	4
3		3.气相色谱仪	4
4	试剂和材料的准备	1.载气(高纯氮)	6
5		2.燃气(氢气)	6
6		3.助燃气(空气)	6
7	采样	1.布点	6
8		2.大气采样器的使用和操作	5
9		3.采样流量控制	4
10		4.采样环境记录	4
11	绘制标准曲线	1.制备标准色列管	10
12		2.气相色谱测试条件的确定	8
13		3.绘制标准曲线	8
14	样品测定	1.二硫化碳提取	7
15		2.样品测定、试剂空白值测定	8
16	计算	1.计算因子	3
17		2.样品浓度	4
18		3.测定结果的精密度	3
		总得分	100

采样时间(min)	采样体积(L)	采样温度(℃)	大气压力(kPa)

标准采样体积 $V_0 = V \times \dfrac{273}{273+t} \times \dfrac{p}{101.3}$, $c = \dfrac{(h-h_0)B_s}{V_0 \times E_s}$

方程相关系数	计算因子	h	h 平均值	h_0	苯系物浓度(mg/m³)

评分人(签字): 　　　　　　　　　　　　　　　日期:

任务六 室内空气中总挥发性有机物的测定

 知识链接

TVOC 的特性、来源及危害

一、挥发性有机物的性质

1989 年 WHO 根据化合物的沸点将室内有机污染物分为四类(见表 3-14),而在对室内有机污染物的检测方面基本上以 VOC 代表有机物的污染状况。

表 3-14 室内有机污染物的分类

分类	缩写	沸点范围(℃)	采样吸附材料
气态有机化合物	VVOC	<0 至 50~100	活性炭
挥发性有机化合物	VOC	50~100 至 240~260	Tenax,石墨化的炭黑/活性炭
半挥发性机化合物	SVOC	240~260 至 380~400	聚氨酯泡沫塑料/XAD-2
颗粒状有机化合物	POM	>380	滤纸

根据 WHO 定义,挥发性有机化合物(VOC)是指在常压下沸点 50~260℃ 的各种有机化合物。VOC 按其化学结构,可以进一步分为烷类、芳烃类、烯类、卤烃类、酯类、醛类、酮类和其他等。

挥发性有机化合物是一类重要的室内空气污染物,目前已鉴定 300 多种。除醛类以外,常见的还有苯、甲苯、二甲苯、三氯乙烯、三氯甲烷、萘、甲苯二异氰酸酯(TDI)等。它们各自的浓度往往不高,但若干种 VOC 共同存在于室内时,其联合作用是不可忽视的。由于它们种类多,单个组分的浓度低,常用 TVOC 表示室内空气中挥发性有机化合物总的质量浓度。当室内空气质量好坏不是因人的呼吸,而是因建筑物内装饰材料和日用品所造成时,TVOC 表征室内污染程度的一项指标。

二、挥发性有机物的来源

室内空气中挥发性有机化合物的来源与室内甲醛类似,且更为广泛,主要来源有以下方面:

(1)建筑材料、室内装饰材料和生活及办公用品;

（2）家用燃料和烟叶的不完全燃烧，人体排泄物；

（3）室外的工业废气、汽车尾气、光化学烟雾等。

1984年世界卫生组织就对《室内空气污染物的关注达成的共识》报告中列出了室内常见的 VOCs，见表3-15。

表 3-15　室内常见 VOCs

污染物	来源
甲醛	杀虫剂、压板制成品、尿素-甲醛泡沫绝缘材料（UFFI）、硬木夹板、胶粘剂、粒子板、层压制品、油漆、塑料、地毯软塑家具套、石膏板、接合化合物、非乳胶嵌缝化合物、酸固化木涂层、木制壁板、塑料/三聚氰烯酰胺壁板、乙烯基（塑料）地砖、镶木地板
苯	室内燃烧烟草的烟雾、溶剂、油漆、染色剂、清漆、图文传真机、电脑终端机及打印机、接合化合物、乳胶嵌缝剂、水基粘合剂、木制壁板、地毯、地砖粘合剂、污点/纺织品清洗剂、聚苯乙烯泡沫塑料、合成纤维
四氯化碳	溶剂、制冷剂、喷雾剂、灭火器、油脂溶剂
三氯乙烯	溶剂、经干洗布料、软塑家具套、油墨、油漆、清漆、粘合剂、图文传真机、电脑终端机及打印机、打字机、改错液、油漆清除剂、污点清除剂
四氯乙烯	经干洗布料、软塑家具套、污点/纺织品清洗剂、图文传真机、电脑终端机及打印机
氯仿	溶剂、染料、除害剂、图文传真机、电脑终端机及打印机、软塑家具垫子、氯仿水干洗附加剂、去没法剂、杀虫剂、地毯
1,2 二氯苯	干洗附加剂、去油污剂、杀虫剂、地毯
1,3 二氯苯	杀虫剂
1,4 二氯苯	除臭剂、防霉剂、空气清新剂/除臭剂、抽水马桶及废物箱除臭剂、除虫丸及除虫片

三、挥发性有机物的毒性和危害

VOC 的健康效应的研究远不及甲醛清楚。由于 VOC 并非单一的化合物，各化合物之间的协同作用（相加、相乘、拮抗和独立作用）关系较难了解；各国、各地、不同时间地点所测得的 VOC 的组分也不相同。这些问题给 VOC 健康效应的研究带来了一系列的困难。一般认为，正常的、非工业性的室内环境 VOC 浓度水平还不至于导致人体的肿瘤和癌症。

但有研究表明，暴露在高浓度挥发性有机污染物的工作环境中可导致人体的中枢神经系统、肝、肾和血液中毒，个别过敏者即使在低浓度下也会有严重反应，通常情况下表现的症状如下：

（1）眼睛不适，感到赤热、干燥、砂眼、流泪；

（2）喉部不适，感到咽喉干燥；

（3）呼吸毛病，气喘、支气管哮喘；

（4）头疼，难以集中精神、眩晕、疲倦、烦躁等。

由于目前对各种挥发性污染物和它们的毒性及对感觉的影响并没有全面的认识，因此从总体上说应尽量以避免为主。

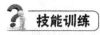 **技能训练**

热解吸气相色谱法测定室内空气中的 TVOC

一、原理

选择合适的吸附剂（Tenax GC 或 Tenax TA），用吸附管采集一定体积的空气样品，空气流中的挥发性有机化合物保留在吸附管中。采样后，将吸附管加热，解吸挥发性有机化合物，待测样品随惰性载气进入毛细管气相色谱仪。用保留时间定性，峰高或峰面积定量。

测定范围：本法适用于浓度范围为 $0.5\mu g/m^3$ 至 $100mg/m^3$。

检测下限：采样量为 10L 时，检测下限为 $0.5mg/m^3$。

二、试剂和材料

（1）VOCs：为了校正浓度，需用 VOCs 作为基准试剂，配成所需浓度的标准溶液或标准气体，然后采用液体外标法或气体外标法将其定量注入吸附管。

（2）稀释溶剂：液体外标法所用的稀释溶剂应为色谱纯，在色谱流出曲线中应与待测化合物分离。

（3）吸附剂：使用的吸附剂粒径为 $0.18\sim0.25mm$（60～80 目），吸附剂在装管前都应在其最高使用温度下，用惰性气流加热活化处理过夜。为了防止二次污染，吸附剂应在清洁空气中冷却至室温，贮存和装管。解吸温度应低于活化温度。由制造商装好的吸附管使用前也需活化处理。

（4）纯氮：99.999%。

三、仪器和设备

（1）吸附管：外径 6.3mm、内径 5mm、长 90mm 或 180mm，是内壁抛光的不锈钢管，吸附管的采样入口一端有标记。吸附管可以装填一种或多种吸附剂，应使吸附层处于解吸仪的加热区。根据吸附剂的密度，吸附管中可装填 200～1000mg 的吸附剂，管的两端用不锈钢网或玻璃纤维毛堵住。如果在一支吸附管中使用多种吸附剂，吸附剂应按吸附能力增加的顺序排列，并用玻璃纤维毛隔开，吸附能力最弱的装填在吸附管的采样入口端。

（2）注射器：可精确读出 $0.1\mu L$ 的 $10\mu L$ 气体注射器；可精确读出 0.01mL 的

1mL 气体注射器。

（3）采样泵：恒流空气个体采样泵，流量范围 0.02～0.5L/min，流量稳定。使用时用皂膜流量计校准采样系统在采样前和采样后的流量。流量误差应小于 5%。

（4）气相色谱仪：配备氢火焰离子化检测器、质谱检测器或其他合适的检测器。色谱柱：非极性（极性指数小于 10）石英毛细管柱。

（5）热解吸仪：能对吸附管进行二次热解吸，并将解吸气用惰性气体载带进入气相色谱仪。解吸温度、时间和载气流速是可调的。冷阱可将解吸样品进行浓缩。

（6）液体外标法制备标准系列的注射装置：常规气相色谱进样口，可以在线使用也可独立装配，保留进样口载气连线，进样口下端可与吸附管相连。

四、采样和样品保存

将吸附管与采样泵用塑料或硅橡胶管连接。个体采样时，采样管垂直安装在呼吸带；固定位置采样时，选择合适的采样位置。打开采样泵，调节流量，以保证在适当的时间内获得所需的采样体积（1～10L）。如果总样品量超过 1mg，采样体积应相应减少。记录采样开始和结束时的时间、采样流量、温度和大气压力。

采样后将管取下，密封管的两端或将其放入可密封的金属或玻璃管中。样品可保存 5d。

五、分析步骤

（一）样品的解吸和浓缩

将吸附管安装在热解吸仪上，加热，使有机蒸气从吸附剂上解吸下来，并被载气流带入冷阱，进行预浓缩，载气流的方向与采样时的方向相反。然后再以低流速快速解吸，经传输线进入毛细管气相色谱仪。传输线的温度应足够高，以防止待测成分凝结。解吸条件见表 3-16。

（二）色谱分析条件

可选择膜厚度为 1～5μm 50m×0.22mm 的石英柱，固定相可以是二甲基硅氧烷或 7% 的氰基丙烷、7% 的苯基、86% 的甲基硅氧烷。柱操作条件为程序升温，初始温度 50℃保持 10min，以 5℃/min 的速率升温至 250℃。

（三）标准曲线的绘制

（1）气体外标法：用泵准确抽取 100μg/m³ 的标准气体 100mL、200mL、400mL、1L、2L、4L、10L 通过吸附管，制备标准系列。

（2）液体外标法：利用进样装置取 1～5μL 含液体组分 100μg/mL 和 10μg/mL 的标准溶液注入吸附管，同时用 100mL/min 的惰性气体通过吸附管，5min 后取下吸附管密封，制备标准系列。

表 3-16 解吸条件

解吸温度	250~325℃
解吸时间	5~15min
解吸气流量	30~50mL/min
冷阱的制冷温度	+20~-180℃
冷阱的加热温度	250~350℃
冷阱中的吸附剂	如果使用,一般与吸附管相同,40~100mg
载气	氦气或高纯氮气
分流比	样品管和二级冷阱之间以及二级冷阱和分析柱之间的分流比应根据空气中的浓度来选择

用热解吸气相色谱法分析吸附管标准系列,以扣除空白后峰面积的对数为纵坐标,以待测物质量的对数为横坐标,绘制标准曲线。

(四)样品分析

每支样品吸附管按绘制标准曲线的操作步骤(即相同的解吸和浓缩条件及色谱分析条件)进行分析,用保留时间定性,峰面积定量。

六、结果计算

(1)将采样体积换算成标准状况下的采样体积。

(2)TVOC 的计算:

①应对保留时间在正己烷和正十六烷之间所有化合物进行分析。

②计算 TVOC,包括色谱图中从正己烷到正十六烷之间的所有化合物。

③根据单一的校正曲线,对尽可能多的 VOCs 定量,至少应对 10 个最高峰进行定量,最后与 TVOC 一起列出这些化合物的名称和浓度。

④计算已鉴定和定量的挥发性有机化合物的浓度 Sid。

⑤用甲苯的响应系数计算未鉴定的挥发性有机化合物的浓度 Sun。

⑥Sid 与 Sun 之和为 TVOC 的浓度或 TVOC 的值。

⑦如果检测到的化合物超出了②中 TVOC 定义的范围,那么这些信息应该添加到 TVOC 值中。

(3)空气样品中待测组分的浓度按下式计算。

$$c = \frac{F - B}{V_0} \times 1000$$

式中:c——空气样品中待测组分的浓度,$\mu g/m^3$;

F——样品管中组分的质量,μg;

B——空白管中组分的质量,μg;

V_0——标准状况下的采样体积,L。

表 3-17 气相色谱法测定室内空气中 TVOC 的技能考核标准

序号	内容	操作	得分
1	仪器和设备的准备	1. 吸附管	4
2		2. 大气采样器	4
3		3. 气相色谱仪	4
4	试剂和材料的准备	1. 载气(高纯氮)	6
5		2. 燃气(氢气)	6
6		3. 助燃气(空气)	6
7	采样	1. 布点	6
8		2. 大气采样器的使用和操作	5
9		3. 采样流量控制	4
10		4. 采样环境记录	4
11	绘制标准曲线	1. 制备标准色列管	10
12		2. 气相色谱测试条件的确定	8
13		3. 绘制标准曲线	8
14	样品测定	1. 取样	7
15		2. 样品测定、试剂空白值测定	8
16	计算	1. 计算因子	3
17		2. 样品浓度	4
18		3. 测定结果的精密度	3
	总得分		100

采样时间(min)	采样体积(L)	采样温度(℃)	大气压力(kPa)

标准采样体积 $V_0 = V \times \dfrac{273}{273+t} \times \dfrac{p}{101.3}$, $c = \dfrac{(h-h_0)B_s}{V_0 \times E_s}$

方程相关系数	计算因子	h	h 平均值	h_0	TVOC 浓度(mg/m³)

评分人(签字): 　　　　　　　　　　　日期:

任务七　室内空气中菌落总数的测定

技能训练

自然沉降法测定室内空气中的菌落总数

一、原理

指直径 9cm 的营养琼脂平板在采样点暴露 5min,经 37℃、48h 培养后,计数生长的细菌菌落数的采样检测方法。

二、仪器

(1)高压蒸汽灭菌器；

(2)恒温培养箱；

(3)冰箱；

(4)平皿(直径9cm)；

(5)制备培养基用的一般设备。

三、培养基

(一)成分

蛋白胨,10g；牛肉浸膏,3g；氯化钠,5g；琼脂,15~20g；蒸馏水,1000mL。

(二)制法

将上述各成分混合,加热溶解,校正pH至7.4,过滤分装,121℃20min高压灭菌,用自然沉降法时倾注约15mL于灭菌平皿内,制成营养琼脂平板。

表3-18 室内空气中细菌总数测定的技能考核标准

序号	内容	操作	得分
1	实验室相关规定	1.白大褂	5
2		2.签到记录	5
3	灭菌前的准备	1.试剂的称量	5
4		2.溶解配制	5
5		3.三角烧瓶的分装	5
6		4.三角烧瓶的扎绑	5
7		5.培养皿的包扎	10
8		6.培养皿的烘干消毒	5
9	灭菌	1.高压灭菌锅的使用	10
10	无菌操作	1.无菌操作台的准备	10
11		2.培养基的分装(到培养皿中)	15
12	采样及结果记录	1.采样	5
13		2.培养皿放置于生长箱中	5
14		3.结果的观察	5
15		4.培养皿的清洗	5
总得分			100

采样时间(min)	采样体积(L)	采样温度(℃)	大气压力(kPa)

结果记录

评分人(签字)： 日期：

四、操作步骤

(1)设置采样点时,应根据现场大小,选择有代表性的位置作为空气细菌检测的采样点。通常设置5个采样点,即室内墙角对角线交点为一采样点,该点与四墙角对角线的中点为另4个采样点。采样高度为1.2～1.5m。采样点应远离墙壁1m以上,应避开空调、门窗等空气流通处。

(2)将营养琼脂平板置于采样点处,打开皿盖,暴露5min,盖上皿盖,翻转平板,置36±1℃恒温培养箱中,培养48h。

(3)计数每块平板上生长的菌落数,求出全部采样点的平均菌落数。以每平皿菌落数(cfu/皿)报告结果。

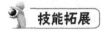 技能拓展

撞击法测定室内空气中的菌落总数

一、原理

撞击法是采用撞击式空气微生物采样器采样,通过抽气动力作用,使空气通过狭缝或小孔而产生高速气流,使悬浮在空气中的带菌粒子撞击到营养琼脂平板上,经37℃,48h培养后,计算出每立方米空气中所含细菌菌落数的采样测定方法。

二、仪器

(1)高压蒸气灭菌器;

(2)恒温培养箱;

(3)冰箱;

(4)平皿(直径5cm);

(5)制备培养基用一般设备:量筒,三角烧瓶,pH计或精密pH试纸等;

(6)撞击式空气微生物采样器。

采样器的基本要求:对空气中细菌捕获率达95%;操作简单,携带方便稳定,便于消毒。

三、培养基

(一)成分

蛋白胨,10g;牛肉浸膏,3g;氯化钠,5g;琼脂,15～20g;蒸馏水,1000mL。

(二)制法

将上述各成分混合,加热溶解,校正pH至7.4,过滤分装,121℃20min高压灭

菌,用自然沉降法时倾注约 15mL 于灭菌平皿内,制成营养琼脂平板。

四、操作步骤

(1)选择有代表性的房间和位置设置采样点。将采样器消毒,按仪器使用说明进行采样。一般情况下采样量为 30～150L,应根据仪器性能和室内空气微生物污染程度,酌情增加或减少空气采样量。

(2)样品采完后,将带菌营养琼脂平板置 36±1℃恒温箱中,培养 48h 菌落数,并根据采样器的流量和采样时间,换算成每立方米空气中的菌落数。以 cfu/m³ 报告结果。

计算公式如下:

$$c = N/Q_s t \times 1000$$

式中:c——空气菌落总数,cfu/m³;

N——平皿菌落数,cfu;

Q_s——标准状况下采样流量,L/min;

t——采样时间,min。

任务八　综合实训项目——学校教学楼室内环境检测

一、实训目的

(1)通过对学校教学楼室内环境的检测,让学生将学到的室内污染物检测的知识和技能综合地运用于实际中,掌握制定室内空气监测方案的方法。

(2)掌握室内空气主要污染物的布点、采样和检测,以及误差分析和数据处理等方法和技能。

(3)通过对学校教学楼室内环境的检测,了解学校教学楼室内空气质量现状,并判断室内空气质量是否符合国家有关环境标准的要求,并为学校教学楼室内空气污染的治理提供依据。

(4)培养学生分工合作、互相配合、团结协作的精神,锻炼实际操作技能,提高综合分析和处理实际问题的能力。

二、检测项目和检测方法

(一)检测项目

检测项目包括甲醛、苯、TVOC 和氡等,可根据教学楼教室、办公室、实验室的具体情况和条件,选择其中的一项或几项指标进行检测分析。

（二）检测方法

检测方法使用国家标准《室内空气质量标准》（GB/T18883）规定的方法，同时使用便携式甲醛检测仪、TVOC 检测仪和氡检测仪进行现场检测，并对这两类检测方法进行比较。现场使用便携式仪器检测的优点是方便、快速、操作简单，但是准确定量有一定难度，可以用于判断环境空气中污染物浓度的范围。必要时要用实验室的检测方法准确定量，作为仲裁与鉴定的依据。

三、实训步骤

（一）采样点布设

（1）根据教室的设施和装修不同（如实验室、电脑室、多媒体教室、一般教室和教师办公室等）分别选择 1～2 间具有代表性的教室、实验室或办公室进行检测。

（2）采样点的数量根据教室、实验室或办公室面积大小确定，以期能正确反映室内空气污染物的水平。原则上小于 50m² 的房间应设 1～3 个点；50～100m² 设 3～5 个点；100m² 以上至少设 5 个点。在对角线上或梅花式均匀分布。

（3）采样点应避开通风口，离墙壁距离应大于 0.5m。

（4）采样点的高度原则上与人的呼吸带高度相一致。

（二）采样时间

采样前至少关闭门窗和空调 12h。

（三）采样和检测

根据国家标准《室内空气质量标准》（GB/T18883）规定，确定合适的采样仪器、采样方法和测定方法。

（四）数据处理

（1）记录和报告：检测时要对现场情况、各种污染源、采样日期、时间、地点、数量、布点方式、大气压力、气温、相对湿度以及检测者签字等做出详细记录。

（2）分析结果的表示：分析结果分别统计甲醛、苯、TVOC 和氡含量。

四、结果讨论

根据检测结果，对照国家标准《室内空气质量标准》（GB/T18883），对教学楼各类教室、实验室和办公室的空气质量进行评价，推断污染物的来源，并提出改进的建议。

五、要求学生完成的工作

（1）制定教学楼教室、实验室或办公室室内空气检测方案（包括采样布点、采样时间、样品保存和分析方法等）。

（2）选择空气采样设备，选择样品分析中使用的仪器、试剂及其纯度、试剂的配制方法、浓度。

（3）完成空气样品的采集、预处理和分析测试。

（4）对教学楼教室、实验室或办公室的室内空气质量进行简单的评价。

模块四　室内空气污染治理技术

室内空气污染治理技术

一、室内甲醛污染治理技术

治理室内甲醛污染的空气净化技术归纳起来主要有：物理吸附技术、催化技术、化学中和技术、空气负离子技术、臭氧氧化技术、常温催化氧化技术、生物技术、材料封闭技术等。

（1）物理吸附技术。物理吸附主要利用某些有吸附能力的物质来吸附有害物质从而达到去除有害污染物的目的。常用的吸附剂为颗粒活性炭、活性炭纤维、沸石、分子筛、多孔粘土矿石、硅胶等。物理吸附富集能力强，简单、易推广，对低浓度有害气体比较有效。但物理吸附的吸附速率慢，对新装修几个月的室内甲醛的去除不明显，吸附剂需要定时更换。

（2）催化技术。催化技术以催化为主，结合超（微）过滤，从而保证在常温常压下使多种有害有味气体分解成无害无味物质，由单纯的物理吸附转变为化学吸附，不产生二次污染。目前市场上的有害气体吸附器和家具吸附宝都属于这类产品。

纳米光催化技术是近几年发展起来的一项空气净化技术，它主要是利用二氧化钛的光催化性氧化甲醛，生成二氧化碳和水。该技术在紫外光照射下用于治理空气污染越来越受到重视，成为空气污染治理技术的研究热点。

催化技术可以与物理吸附技术或其他技术结合运用，效果更佳，可利用物理吸附技术为催化技术提供高浓度反应环境，利用催化技术降解甲醛使吸附剂得到再生。纳米 TiO_2 光催化剂与一些气体吸附剂（沸石、活性炭、SiO_2 等）相结合在弱紫外光激发下就可以有效降解低浓度有害气体。

催化技术具有反应条件温和、能耗低、二次污染少、可以在常温常压下氧化分解结构稳定的有机物等优点，一般室内甲醛的浓度较低，在居室、玻璃、陶瓷等建材表面涂敷 TiO_2 薄膜或安放 TiO_2 空气净化设备可有效降解甲醛。但其需要纳米

TiO_2 和紫外光照射,存在经济和技术的局限性,还未进入大面积使用推广阶段。

（3）化学中和技术。化学中和技术一般采用络合技术来破坏甲醛、苯等有害气体的分子结构,中和空气中的有害气体,进而使其逐步消除。目前,研制出的各种除味剂和甲醛捕捉剂即属于该类产品。该技术最好结合装修工程使用,可有效降低人造板中的游离甲醛。

（4）空气负离子技术。选用具有明显的热电效应的稀有矿石为原料加入到墙体材料中,在与空气接触过程中,电离空气及空气中的水分,产生负离子,可发生极化并向外放电,起到净化室内空气的作用。负离子技术也可应用到建材上,如负离子涂料,其能够持续释放负离子与室内污染源持续释放的有害气体（正离子）不断中和、降解,可长期起到去除甲醛的作用。

（5）臭氧氧化法。臭氧与极性有机化合物如甲醛反应,导致不饱和的有机分子破裂,使臭氧分子结合在有机分子的双键上,生成臭氧化物,从而达到分解甲醛分子的目的。臭氧发生装置具有杀菌、消毒、除臭、分解有机物的能力,但臭氧法净化甲醛效率低,同时臭氧易分解,不稳定,可能会产生二次污染物。同时臭氧本身也是一种空气污染物,国家也有相应的限量标准,如果发生量控制不好,会适得其反。

（6）常温催化氧化法。又称为冷触媒法,主要是利用一些贵金属特殊的催化氧化性能,使室内污染物变为 CO_2 和 H_2O,一般载体为 ZrO_2、CeO_2、SiO_2、活性炭、分子筛等,经常采用的贵金属有 Pd、Pt、Rh、Ru 和 h。日本近年来对低温催化剂进行了深入的研究,并有一系列的专利问世。Yushika 等研发的含有锰氧化物组分（MnO_2 为 77%）的空气净化器,对刚刚装修的住宅中的甲醛去除效果良好。

（7）生物技术。生物法净化有机废气是微生物以有机物为其生长的碳源和能源而将其氧化、降解为无毒、无害的无机物的方法。李小梅等实验表明,通过筛选、培育的适宜微生物菌种接种挂膜制作的生物膜填料塔对入口浓度小于 $20mg/m^3$ 的甲醛废气具有较好的净化效果,净化效率达到 90% 以上,净化操作时,液体喷淋量维持在 20L/h 有利于净化。Masaki 等研究表明,生物酶对甲醛降解有潜在能力,此方法操作简单,运行成本低,无二次污染,被欧洲广泛使用并已工业化。生物活性温度一般为 $10\sim40℃$,因此室内温度必须维持在特定微生物的活性温度范围内,其应用易受到限制。

（8）材料封闭技术。对于各种人造板中的甲醛,目前研制出了一种封闭材料,称作甲醛封闭剂,用于家具和人造板材内的甲醛气体封闭。目前出现在我国市场上的"美嘉保护盾",具有封闭甲醛的作用,可涂刷于未经油漆处理的家具内壁板和人造板,以减少各种人造板中的甲醛释放量,但其治标不治本。

二、室内空气中苯的污染控制

（1）装饰材料的选择。装修中尽量采用符合国家标准和污染少的装修材料,这是降低室内空气中苯含量的根本措施。比如选用正规厂家生产的油漆、胶和涂料;

选用无污染或者少污染的水性材料。同时提醒大家注意对胶粘剂的选择,因为目前建筑装饰行业的各种规定中,没有对胶粘剂使用的规定,普通百姓又没有经验,装饰公司想用什么就用什么,容易被忽视。

(2)施工工艺的选择。有的装饰公司在施工中采用油漆代替107胶封闭墙面,结果增加了室内空气中苯的含量,还有的在做油漆和做防水处理时,施工工艺不规范,使得室内空气中苯含量大大增高,有的居民反映,一家装修,全楼都是味。空气中存在高浓度苯十分危险,不但易使人中毒,还很容易发生爆炸和火灾。

(3)装饰公司的选择。选择带有绿色环保标志的装饰公司,并在签订装修合同时注明室内环境要求,特别是有老人、孩子和有过敏性体质的家庭,一定要注意。现在有的绿色装饰公司采用了无油漆工艺,使室内有害气体大大降低。

(4)保持室内空气的净化。这是清除室内有害气体行之有效的办法,可选用确有效果的室内空气净化器和空气换气装置,或者在室外空气好的时候打开门窗通风,有利于室内有害气体散发和排出。

(5)装修后的居室不宜立即入住。居室装修完成后,应使房屋保持良好的通风环境,待苯及有机化合物释放一段时间后再居住。

(6)应加强施工工人的劳动保护工作。有苯、甲苯和二甲苯挥发的作业时,应尽量注意通风换气,以减少工作场所空气中苯对人体的危害。

三、室内空气中氨的污染控制

(1)条件允许时,可多开窗通风,以尽量减少室内空气的污染程度。现在专家们已经研究出一种空气新风机,可以在不影响室内温度和不受室外天气影响的情况下,进行室内有害气体的清除。

(2)选用有效的空气净化器。一些室内空气净化器在宣传中说对室内有害气体有清除作用,注意一定要进行实地检验,选用确有效果的品牌,也可以向室内环境专家咨询。

(3)采用光催化和冷触媒技术,运用封闭、氧化处理、空气吸附等方法,可以有效地降低室内氨污染。

(4)吸附净化法。常用的吸附剂有分子筛、硅胶、沸石、活性炭和活性炭毡等材料,考虑到室内氨污染的特点,对氨污染净化的效果、技术可行性以及费用等综合考虑,可采用价格低廉的活性炭做原料、金属铜盐作浸渍物的改性活性炭。普通活性炭对氨气虽有物理吸附作用,但它对有害气体的吸附无选择性,通过对其改性处理后利用铜盐与氨进行化学反应生成铜氨络合物,从而可加大吸附剂对氨气的选择性,极大地提高净化氨气的能力。

根据测试要求,通过通风管道连接氨气净化装置,在净化装置的进、出口管道上设置采样孔,对填充改性活性炭的氨气净化装置进行评价。管道直径为300mm,风量为450~500m³/h,改性活性炭截面积为0.34m²,厚度为50mm。

实验证明,改性活性炭对氨气的一级净化效果明显,在氨气发生浓度为 $1.6 \sim 6m^3/h$ 时,对氨气的净化效率随氨气原始浓度的增加而缓慢上升,在氨气浓度较高的情况下(大于 $4m^3/h$),对氨气的去除率较高,达到 60% 以上;在氨气浓度较低时($1 \sim 3m^3/h$),对氨气的去除率较低。因此,改性活性炭对氨气有良好的净化效果,但由于氨气原始浓度较高,一级净化后的氨气浓度仍然较高,很难达到净化的目的。所以,应考虑净化装置的循环使用,使氨气经过多次净化,以达到最终浓度降低的目的。

(5)施工期控制。冬季建筑施工时,应严格限制使用含尿素的防冻剂。

(6)装修期控制。装修时应减少使用人工合成板型材,如胶合板、纤维板等。因人工合成板型材在加压成型过程中使用了大量粘合剂,这种粘合剂主要是用甲醛和尿素加工聚合而成,他们在室温下易释放出气态甲醛和氨,造成污染。

(7)装饰材料控制。使用装饰材料时,尽量少用或不用含添加剂和增白剂的涂料,因为添加剂和增白剂中含有大量氨水,室温下易释放出气态氨。

四、室内空气中总挥发性有机化合物(TVOCs)的污染控制

挥发性有机物(VOCs)数量众多,成分极其复杂,而且新的种类不断被合成出来,其来源和浓度差异很大,除醛类外,常见的还有苯、甲苯、二甲苯、三氯乙烯、三氯甲烷、二异氰酸酯类等,所以针对特定化合物的控制难度较大。

(1)避免使用高挥发性有机化合物产品,从理论上讲,控制 VOCs 暴露水平的最佳方法是避免那些导致室内高浓度 VOCs 的产品。将涂料、溶剂、汽油和报纸、杂志等贮存在附属建筑物或通风良好的空间中,可以避免或减少它们进入室内。

(2)通风,大多数新建建筑物的 VOCs 浓度通常较高,但随着时间的延长,VOCs 的浓度会很快降低。

(3)小气候控制,建筑产品和家具的 VOCs 释放会随着室内空气温度的增加而增加,且与室内空气的湿度成反比。所以从理论上,控制室内的小气候,可以减小短期内 VOCs 的污染水平或加快陈化进程。例如,在未入住的居室维持一段时间的高温、低湿,并进行正常的通风,残留溶剂的蒸气压随温度升高而增加,如果在足够时间内保持这样的条件,残留溶剂将会较快地蒸发,以后 VOCs 释放就会相应减少。

五、室内空气中放射性氡的污染控制

氡是一种放射性气体,普遍存在于我们的生活环境中。从 20 世纪 60 年代末期首次发现室内氡的危害至今,科学研究已经发现,氡对人体的辐射伤害占人体所受到的全部环境辐射的 55% 以上。氡对人体健康威胁极大,其发病潜伏期大多都在 15 年以上。据美国国家安全委员会估计,美国每年因为氡致死人数高达 30000 人。我国也存在着严重的氡污染问题,1994 年以来我国调查了 14 个城市的 1524

个写字楼和居室,空气中氡含量超过国家标准的占 6.8%,氡含量最高的达到 596Bq/m³,是国家标准的 6 倍。有关部门曾对北京地区公共场所进行室内氡含量调查,发现室内氡含量最高值是室外的 3.5 倍。据不完全统计,我国每年因氡致肺癌为 50000 例以上。氡已被国际癌症研究机构(1ARC)列入室内重要致癌物质,美国环保局也将氡列为最危险的致癌因子,因此我们必须高度重视室内氡的危害。

(1)地下建筑物的建材选取,应尽可能选用含天然放射性低的材料。

(2)材料选定后,控制地下建筑物表面氡的析出。可选用在建筑物表面喷涂防氡析出的密封剂、涂层等措施,一般的防氡析出效果可达 65%~95%,见表 4-1。

表 4-1　各种材料的防氡效果

密封剂种类	防氡效率(%)	密封剂种类	防氡效率(%)
固化聚氨基甲酸酯 7160	73.6	沥青乳液	95
固化聚氨基甲酸酯 7109	65	高密度聚乙烯土工膜(300g/m²)	99.3
偏氯乙烯共聚乳液	75.7	水泥砂浆 1∶1(1cm 厚)	85
RT 水性涂料	80	水泥砂浆 1∶1(5cm 厚)	92.2

(3)通风可以破坏氡与氡子体平衡比,降低氡浓度。地下建筑物中的自然换气次数很低,一般仅有 0.18~0.83 次。因此,必须在地下建筑物中采取强制性通风措施,选择合理的地下供排通风方式和风流组织,以有效地排除地下空间的氡及氡子体,同时供给清洁的新鲜空气,以改善地下建筑物中的空气质量。

(4)对地下建筑物中氡子体过滤,消除氡子体危害。对氡子体过滤方法很多,主要有纤维过滤法(过滤效率可达 90%)、静电喷雾法(捕尘效率可达 70%~90%)、超高压静电除氡子体法(除子体效率可达 80%~90%)。

(5)及时排出地下建筑物的涌水,或做好地下工程的防水,杜绝和减少地下涌水氡的释出对空气的污染。因为地下涌水中一般氡浓度在 $37~3.7×10^4$Bq/L。当地下水中氡浓度达到 370Bq/L 时,会使室内空气中氡浓度增加 370Bq/m³,可占空气总氡的 2%~5%。

此外,还可以控制人员在地下建筑物中的停留时间,减少受照剂量。提倡人们多参加户外活动,加强体育锻炼,提高人群体质。同时还要开展先进的防氡技术措施的研究,以最大限度地减少氡及子体对人体的照射,达到保护人类和保护环境的目的。

技能训练

自主设计光触媒技术去除人造板中甲醛污染的实验

学生通过自主设计实验,比较市场上不同光触媒产品对人造板中甲醛污染的去除效果。

模块五 营造健康的居住环境

一、健康的居住环境从买房开始

准确地说,营造健康的居住环境应该从住宅的规划设计开始,但是对于我们每一个人来说,能否为自己和家人营造一个健康的居住环境是从买房开始的。那么我们怎么样来判断一个建筑或者一个单元房是否健康呢? 以下将根据住宅卫生的有关要求,提出一些建议,以供参考。

(一)宅基地无污染

首先要了解建设用地的情况,并对其工程地质、水文地质和环境状况做出量化评估。特别要关注土壤氡等有害物质的浓度不能超过有关规定。

(二)住宅应远离污染源

住宅应远离各种污染源,避免大气污染、水污染、噪声、电磁辐射等有害因素的影响,具体地说就是应该重视住宅的室外环境,室外除必须有一定面积的绿化外,噪声也应该在规定的范围内;住宅要远离交通主干线,住宅区内要没有货车进入,在噪声源处应有良好的绿化隔声带,最后,住宅附近应无排出灰尘、烟雾、有害气体的工厂。

(三)住宅的朝向和与其他建筑物的距离

考虑住宅的朝向是为了在冬季争取更多的日照。足够间距可以保证住宅的日照和通风不受前排的建筑物影响,为建立良好的居室内微小气候奠定基础,同时要注意居室的采光口的大小和构造是否符合有关要求。

(四)了解建筑过程

应该询问建筑商是否按照建筑设计部颁发的《民用建筑工程室内环境污染控制规范》和北京市建委关于贯彻建设部《关于加强建筑工程室内环境质量管理的若干意见》的通知规定,做到了全程无污染,全程控制污染的程序为:①施工地基土壤氡气的检测;②各类建筑材料的检测;③竣工毛坯房氡气及氨气的检测;④装修材料的检测;⑤装修后的总体检测;⑥对不合格的环节进行防护。

(五)了解居住区饮用水的供给情况

合格的饮用水对于健康住宅十分重要,那些选择高层建筑的居民,尤其要关注住宅的供水情况,不仅要保证一定的水压、水量。更要保证水质符合相关的卫生标准或规范的要求,同时,应该关注二次供水的消毒和管理情况。

（六）户型设计

主要是关注户型设计是否能够满足采光通风的要求,我们已经知道具备良好的日照、通风、采光是决定住宅舒适性的重要因素。

为了能充分利用阳光对人类的生活和健康的良好作用,按国家有关规范要求,居住在底层的住户,至少有一个居室在冬至日能有不小于1h满窗日照,另外,户型设计不但要满足在炎热的夏天通风的需要,还要避免冬天寒风的侵袭;通风具有减少湿气,交换空气的作用,南方气候炎热多湿气,在选择住宅时应更多地考虑夏季的通风。

（七）厨房与卫生间

厨房卫生间（包括单一功能的厕所）是住宅不可忽视的重要空间,应特别注意采光和通风的功能。如果通风不良居室不仅会有不良气味,而且湿度也会较大;如果湿气太大可能危害居住者的健康。例如,诱发中、老年人的关节炎、腹痛、头昏、妇女月经不调和居住者的湿疹等多种疾病。厨房、卫生间排气不畅,还会严重污染室内空气。

（八）保温隔声

保温意味着节能,隔声不仅要考虑阻挡室外环境噪声的影响,更要注意公用设备（特别应注意电梯间）与各住户之间、户与户之间及户内主、辅室之间的隔声。同时还要减少室内卫生间、取暖设置、排风设备对居室的影响,否则会造成居室内噪声污染。如果不能很好地解决隔声问题,产生的噪声不但会影响居住者的健康,还会因为干扰他人休息和睡眠而引起邻里纠纷,给正常生活带来很多烦恼。

二、科学的家装

住宅是人们活动的重要场所,随着经济的发展,人们生活水平的不断提高,简陋的居所已经不能满足人们的需求,于是,人们在购买住宅的时候都要先进行室内装修,即使已经装修过的住宅也要重新装修,然而居室装修在给人们带来舒适、方便、优雅、美观的居住环境的同时,也给人们带来了烦恼,因为,在装修时所使用的各种板材、石材、墙地砖、涂料、油漆、新添置的家具、粘合剂以及墙纸、墙布等装饰材料中都可能释放出各种有毒有害的物质,有的有异臭异味,有的虽看不见摸不着,但可能对居住者的健康构成严重的威胁,这些化学物质不仅污染了室内空气,还严重威胁着居住者的健康。因此,有专家建议,消费者在对居室进行装修时应注意以下几点:

(1)树立正确的观念　装修应简洁大方,不要照搬照抄酒店的风格,应该打造恬静、温馨的生活氛围;应该尽量避免在室内打造过多的家具,尤其是居室面积小的家庭。

(2)选择有环保标识的产品　各种装修材料和涂料的选择不能只图便宜,特别是各种板材、家具的选择,应选择符合相应室内装修材料有害物质限量标准的,一般正规的知名度较高的厂家生产的产品质量相对可靠,在选择石材和墙地砖时,要特别注意防止放射性污染。

(3)注意签订环保合同　在签订装修合同时要签订环保合同,特别是包工包料的装修合同,应将环保要求在合同中明确规定下来,以免日后出现纠纷空口无凭,必要时,可在装修竣工 7d 后进行总体污染物检测验收,按《民用建筑工程室内环境污染控制规范》的要求,对室内甲醛、氨气(如果只考虑装修对室内空气的污染),则不包括此项)、苯系物、TVOC、氡浓度测试,并出具具有 CMA 认证的检测报告。

(4)保证室内通风　新装修的住宅最好在有效通风换气 3 个月后入住。

人们常说良好的设计是家装成功的一半,可见家装设计的重要性,那么怎样的设计才是合理的科学的呢? 接下来我们将对室内装修色彩、采光、照明等问题谈一些粗浅的看法。

(一)居室色彩的选择

在家居装修中,最重要的、最容易被人忽视的是色彩,因为色彩的选择与搭配,不仅关系到居室空间的整体效果和装饰品味,还可以直接影响人的情绪和心态。

1. 主色彩要平稳

通常,居室用色分为主体、辅助、点缀 3 个部分,墙、顶是构成居室的最基本元素,其用色也就是居室的主体色彩,一般主体色彩应该平稳,最常见的有 4 种类型,装修时可以根据住宅的具体情况和自己的喜好选择。

(1)自觉性色彩　即白色,它既简洁又便于家具的选择配合,即使在现代社会中仍然是多数人所选择的色彩。

(2)变幻性色彩　即蓝色,它不仅是自然界宽广博大的海天本色,而且是现代科技信息时代的代表色彩,是目前思维超前的年轻一代所青睐的。例如,淡蓝色的墙面与天蓝色的顶面相衔接,再配上浅色家具和大理石或花岗岩底面。

(3)治疗性色彩　即绿色,它是大自然的色彩,能给人以轻松、宽敞的感觉,可以滋润忙碌的现代人并缓解心理的压力。因此在淡绿色的墙面,浅绿色的顶面组成的空间中,放些橄榄绿色或栗色家具,就给人们提供了一个精神放松的最佳休闲场所。

(4)情绪性色彩　即黄色,对于居住在钢筋水泥的城市,生活在激烈竞争社会中的现代人,明快与光亮的奶黄色的墙面、奶白色的顶面、浅色的家具,都可以使人想起阳光和花朵,从压抑中解脱出来。

此外,富有大地感的土黄色、赭石色,充满浪漫情调的淡粉红、淡粉紫色等,都会成为年轻一代的选择。

2. 地面色彩的选择

选择地面色彩不仅要考虑居室装修的风格,家具的颜色和式样以及房间的大小,还要照顾到居室的采光。采光良好的居室,可随意挑选地面颜色;而楼层较低,采光不充分的居室则要注意选择亮度较高或颜色适宜的地面材料,尽可能避免使用颜色较暗的材料。

米黄色系列的地砖永远是客厅的主色调,对于采光较差的居室宜选择素色、白色、灰色等简约的浅色;而采光较好的居室可以选择黑色,红色、黄色等厚重的深色。

3.彩色玻璃不宜多用

彩色玻璃可以增加居室的美感和改善光环境,但不能只为了美观就用各种彩色玻璃来装饰居室。倘若使用不当不仅可能影响居室的日照和采光,还可能带来光污染。

(二)采光

要保证住宅有良好的采光,不仅采光口面积和构造要符合卫生要求,在家装设计和使用时也要特别的关注。窗户玻璃宜采用无色透明的,家具摆放不应遮挡采光口,要经常保持窗玻璃清洁等。

(三)照明

室内照明艺术不仅直接影响到室内环境气氛,而且对人们的生理和心理产生影响。因此在照明设计和灯具选择时,既要满足人们的审美要求又要满足视觉心理机能,以达到提高室内照明艺术和生活质量的目的。

1.居室照明设计

首先要遵循现行的《民用建筑照明设计标准》和《民用建筑照明设计规范》,满足居室照明的卫生要求;其次才是考虑主人的爱好、居室的用途和不同功能,以及业主的经济承受能力,满足美学的要求,在设计时宜注意以下几个问题:

(1)要注意色彩的协调,即冷色、暖色视用途而定。

(2)要避免眩光,以清除眼镜的疲劳、保护视力、保护健康、提高工作和学习效率为主。

(3)光源分布要合理,顶棚光照明亮,使人感到空间增大,明快开朗,顶棚光线暗淡,使人感到空间狭小、压抑,一般照明和局部照明应结合使用,这样既经济又实惠。

(4)灯光的照射方向和光线的强弱要合适。

(5)要表达主体思想,烘托气氛、主灯副灯相结合,用灯的组合表达一种思想和喻义。

2.灯饰的选择

现在的灯具一般有白炽灯和荧光灯两种,其亮度以通常所说的瓦(W)来表示,而艺术性(灯具)主要来自灯形的选择,以及各种照明所形成的效果。完善的灯饰应该是集装饰、照明、节能于一身,尽力达到完美与和谐的统一,充分利用明与暗的搭配,光与影的组合,以及光的变化与分布来创造各种视觉环境,以加强室内空间效果的气氛。那么普通家庭装修应该如何选购灯具呢?让我们来看一下有关专家的建议。

(1)确定照度 客厅、卧室、书房、门厅、厨房、走廊、阳台、卫生间等不同的地方宜采用不同的比较合适的照度。家庭居室的照度,一般在 50～150lx(勒克斯)之间。这样既能提高照明的质量,又能达到装饰的效果。

(2)合理布灯 不同的空间、造型和装修风格选用不同的灯具式样。

(3)合理选择光源 目前用于家庭照明中的光源主要是白炽灯泡和荧光灯,它们各有所长,在使用时要扬长避短,服从于环境与灯饰的需要。

①白炽灯泡属于暖色调,可使人产生温暖的感觉,因其体积小,在使用中不需要镇流器,故有利于与各种造型的灯饰配套,装饰效果好,使用方便。另外,白炽灯泡所发出的光为多色光,在与水晶灯饰配套时,可产生多种颜色,装饰效果好,但其缺点是能耗高。

②荧光灯属于冷色调,可使人产生凉爽的感觉,其发光效率高,具有明显的节能效果。但其价格高,一次性投资大。另外,荧光灯属于单色光,应避免与水晶灯饰配套使用,同时也应避免与表面仿金镀灯饰配套。由于荧光灯需镇流器配套,与各类装饰等配套就不太方便。

(4)要特别注意灯具本身的色彩和灯光的色彩 不同的色彩,体现不同的性格、情趣、习惯,表达不同的感情,会引起人们不同的情绪反应。怎样才能提高工作、学习效率和生活质量,有关人员的具体参考建议如下。

①普通家庭的门厅,是家庭的门面,可选用造型较好看的吸顶灯或吊灯。

②客厅可选用造型豪华的吸顶灯或吊灯,多用暖色光源。

③书房要求光线应柔和、明亮、避免眩光,宜选用乳白色灯罩的灯具和台灯,同时增加局部照明以供学习、工作之用。

④卧室可以采用乳白色或浅淡色的吊灯、壁灯,灯具的金属部分不宜有太强的反光,灯光也不需要太强烈,以创造一个平和宁静的气氛,达到减少疲劳和紧张、有利休息的目的。如果是客卧兼用的房间,则安装可交替使用的灯具,常用吊灯、吸顶灯和壁灯或台灯相结合使用。

(5)其他 在选用灯具时还应考虑到以下几方面的因素:

①节能省电,提倡使用高效节能型灯或是节能光源。

②减少配电线路的损耗。

③在不影响工作、学习、生活的前提下,适当降低照度。

④选择高质量、结实耐用的灯具,以避免频繁更换或维修。

3. 人工照明的照度

居室照度要满足人的视机能,住宅内各个房间或区域因其功能不同,对照度的要求也不同。

(1)起居室的照明 起居室的活动包括会客、家人团聚闲谈、娱乐、看电视等,照明宜采用光线柔和的半直接型照明的吊灯,不需要太高的照度。但是可以设置局部照明,如台灯、壁灯或立灯等。这样既可以满足人们对照度的需求,同时还可以丰富室内艺术气氛。一般来说桌面的照度应高些,看电视时要求室内光线变暗,但又不能把灯关闭,否则眼睛易产生疲劳。为改变房低产生的压抑感,可采用多种吸顶灯。从省电的思想出发,可采用造型大方的方形、圆形荧光节能灯,使室内明亮又雅致。

(2)卧室的照明　卧室是休息睡觉的房间,要求有较好的私密性,光线要求柔和,不应有刺眼光,以使人更容易进入睡眠状态。卧室不需要高照度,但床头和化妆台前宜设局部照明,床头局部的照度也不宜大,一般用 25～40W 灯泡即可。

(3)厨房的照明　因为在厨房内进行的切菜、洗涤和烹饪等视觉作业要求比较精细,照度不好容易发生危险,因此,照度应比较高,不仅有基本照明,还应有局部照明,如炉灶、切菜台面都应有简单、便于清洁的局部照明。

(4)卫生间的照明　卫生间一般比较小,只在镜旁设置 25W 灯具即可。若面积大还应装基本照明,可采用吸顶灯或壁灯。卫生间兼作沐浴,水汽大,所以灯具选择时应选防水、防汽的灯具,同时在安装时应考虑,人在卫生间里不应直接触到任何电器插座,以免遇水发生事故。

(四)厨房和卫生间

1.厨房

厨房是居室的主要组成部分,关乎居室的环境质量。因为主要的炊事活动都是在厨房中进行的,所以厨房中不可避免地要有各种燃料的燃烧,还会有少量的厨房垃圾存放。如果设计、装修或者使用不当均会造成居室内污染。因此在进行厨房装修设计时应注意安全性。

安全性是装修厨房时的一个重要因素,关于厨房的安全性具体的有以下几种:

(1)灶台与洗菜池的距离不宜太远,在灶台有东西意外燃烧时以便于及时灭火;注意如果是食用油燃烧切忌用水,应及时关掉灶具、将锅盖盖严。

(2)灶台不要离窗口太近,以防风吹熄灶具的火或者影响热度。

(3)目前厨房内使用的电器越来越多,因此,厨房内预留的电源插孔要充足,且需安装漏电保护装置。

(4)冰箱也不宜太接近洗菜池,避免溅出来的水导致冰箱漏电。

(5)各种用具、电器及插孔应设置在儿童不容易够到的地方。

(6)冰箱不宜靠近灶台。因为在烹饪时灶台经常产生热量而且又是厨房里的重灾区,可能影响冰箱内的温度。

(7)切菜板适宜安放近窗口处。因为切菜板经常处于潮湿状态,最好让阳光照射,可减少细菌滋生;而且空气流通,可保持其干爽。

(8)抽油烟机不宜过高。抽油烟机与灶台的距离不宜超过 60cm,因为太高会影响其抽油烟的能力,而太矮又会妨碍使用者的视线,具体高度应依据使用者身高而定。

(9)地面铺设：地板适用防滑及质料厚的地砖，且接口要小，这样才不会积藏污垢，便于打扫卫生。

(10)厨房光线要求：厨房内灯光要足够，照出来的灯光应以白色为佳，否则影响颜色判断；同时要避免灯光产生阴影，所以厨房不适宜使用射灯。

2.卫生间

卫生间同样是居室的重要组成部分，不仅是家庭生活卫生必备的专用活动空间，具有排污、洗浴、盥洗、洗衣和室内清洁的基本功能，还有其自身独特的卫生学意义。现代社会中卫生间不仅能满足沐浴、便溺、洗衣、清洁和化妆等需求，还能够使人们的身心健康得到充分的放松。因此，在住宅卫生间设计中应注意到以下几点。

(1)合理分隔布置卫生间，尽量做到干湿分离

所谓的"干湿分离"就是把卫生间进行功能分区，克服以往由于干湿混乱而造成的使用缺陷。但是，这种干和湿只是相对而言的，因此分离方式也有很多种。采用较多的也是最简单的方法是设置淋浴房把洗浴单独分出来。对安装浴缸的卫生间来说，可以通过玻璃隔断或者玻璃推拉门来分离，把浴缸放在里面，把马桶和洗手池安放在外。

(2)卫生洁具布置应符合人体工效学原理

卫生间是应用人体工效学比较典型的空间，因此其布置必须考虑人与设备之间的关系，以及人的心理感觉等。

①坐便器选型　主要考虑其尺寸、排水方向和水箱的安装形式。为减少管道穿越楼板造成的漏水隐患，近年来提倡选用后排水式坐便器。

②浴盆与沐浴盘　浴盆长度应与卫生间宽度一致。当卫生间长度不足时，应选取宽度较大或深度较大的浴盆，以保证盆浴时有一定的水量。淋浴盘占空间小，密闭性好，节约用水，适合目前的居住水平，它以成品形式出现，综合考虑了排水，防止水外溅，可有效地防滑防漏。

(3)控制噪声的措施

为达到消除或降低噪声的目的，有关专家结合多年的实践，提出以下几种建议。

①材质尽量选择美观大方、经久耐用且具有隔音效果的管材。配件中三通、四通尽量采用斜三通、斜四通，尽可能降低水流的冲击力，减少噪声。所有管卡一律设防震垫片。

②布置时，要将主给水管和排水管安装在室外楼梯间内或者集中放在管井内，主管进入室内加弹性防震处理，管在上下层管井内一律不准有接头，尽可能做到中间不检修。

③有条件者可以采用整体卫生间。

(五)家具购置

家具在人们的日常生活中具有举足轻重的作用，是家庭内的重要用品，也是室

内装饰的重要组成部分。家具的样式和颜色对居室具有美化作用,制作家具的板材、贴面、用胶、面漆也是室内空气污染的重要来源。

1.尽量使用天然家具和用绿色环保板材制作的家具

因为家具造成的室内空气污染已经成为目前家庭中继建筑污染、装饰装修污染之后的第三大污染,因此在选择家具时千万不能忽视家居的用料等。应该做到5不买:①有强烈刺激气味的家具不要买;②人造板制成的家具未做全部封边处理的不要买,按照国家关于家具质量的要求,凡是使用人造板制成的家具部件都应经严格的封边处理,特别是家具用刨花板都应该要求全部封边,这样可以限制人造板中的有害物质释放;③价格比较低、砍价特别容易的不要买;④发现家具内在质量有明显问题的不要买;⑤不是正规厂家生产的,或者没有出厂检验或质检合格证的不要买。

2.家具购置数量要以够用为度

根据居室的面积、总体布局和需要选购家具,家具不宜过多,否则既占用了太多的室内空间,又增加室内污染。

3.家具的颜色和式样要因人而异

家具的颜色和式样要与居室相宜,要因人而异。淡颜色的家具适用小房间或者采光条件较差的朝北房间等,照明较好的房间可选择深颜色的家具,可显出古朴、典雅的气氛;年老者不要购买高大的组合柜,因为爬高取物既不方便又不安全。

附录一 室内空气质量标准
(GB/T 18883—2002)

1. 室内空气应无毒、无害、无异常嗅味。
2. 室内空气质量标准见表。

序号	参数类别	参数	单位	标准值	备注
1	物理性	温度	℃	22~28	夏季空调
				16~24	冬季采暖
2		相对湿度	%	40~80	冬季采暖
				30~60	夏季空调
3		空气流速	m/s	0.3	冬季采暖
				0.2	夏季空调
4		新风量	m³/h·p	30	
5	化学性	二氧化硫 SO_2	mg/m³	0.50	1 小时均值
6		二氧化氮 NO_2	mg/m³	0.24	1 小时均值
7		一氧化碳 CO	mg/m³	10	1 小时均值
8		二氧化碳 CO_2	%	0.10	日平均值
9		氨 NH_3	mg/m³	0.20	1 小时均值
10		臭氧 O_3	mg/m³	0.16	1 小时均值
11		甲醛 HCHO	mg/m³	0.10	1 小时均值
12		苯 C_6H_6	mg/m³	0.11	1 小时均值
13		甲苯 C_7H_8	mg/m³	0.20	1 小时均值
14		二甲苯 C_8H_{10}	mg/m³	0.20	1 小时均值
15		苯并[a]芘 B(a)P	mg/m³	1.0	日平均值
16		可吸入颗粒 PM_{10}	mg/m³	0.15	日平均值
17		总挥发性有机物 TVOC	mg/m³	0.60	8 小时值
18	生物性	菌落总数	cfu/m³	2500	依据仪器定
19	放射性	氡 ^{222}Rn	Bq/m³	400	年平均值（行动水平）

表中：

室内空气质量参数(Indoor Air Quality Parameter)：指室内空气中与人体健康有关的物理、化学、生物和放射性参数。

可吸入颗粒物(Particles with Diameters of $10\mu m$ or Less, PM_{10})：指悬浮在空气中，空气动力学当量直径小于等于 $10\mu m$ 的颗粒物。

　　总挥发性有机化合物（Total Volatile Organic Compounds，TVOC）：利用 Tenax GC 或 Tenax TA 采样，非极性色谱柱（极性指数小于 10）进行分析，保留时间在正己烷和正十六烷之间的挥发性有机化合物。

　　标准状态（Normal State）：指温度为 273K，压力为 101.325kPa 时的干物质状态。

附录二 民用建筑工程室内环境污染
控制规范(GB 50325—2010)

1 总 则

1.0.1 为了预防和控制民用建筑工程中建筑材料和装修材料产生的室内环境污染,保障公众健康,维护公共利益,做到技术先进、经济合理,制定本规范。

1.0.2 本规范适用于新建、扩建和改建的民用建筑工程室内环境污染控制,不适用于工业建筑工程、仓储性建筑工程、构筑物和有特殊净化卫生要求的室内环境污染控制,也不适用于民用建筑工程交付使用后,非建筑装修产生的室内环境污染控制。

1.0.3 本规范控制的室内环境污染物有氡(简称 Rn-222)、甲醛、氨、苯和总挥发性有机化合物(简称 TVOC)。

1.0.4 民用建筑工程根据控制室内环境污染的不同要求,划分为以下两类:

(1)Ⅰ类民用建筑工程:住宅、医院、老年建筑、幼儿园、学校教室等民用建筑工程;

(2)Ⅱ类民用建筑工程:办公楼、商店、旅馆、文化娱乐场所、书店、图书馆、展览馆、体育馆、公共交通等候室、餐厅、理发店等民用建筑工程。

1.0.5 民用建筑工程所选用的建筑材料和装修材料必须符合本规范的有关规定。

1.0.6 民用建筑工程室内环境污染控制除应符合本规范规定外,尚应符合国家现行的有关标准的规定。

2 术语和符号

2.1 术 语

2.1.1 民用建筑工程(civil building engineering)
指新建、扩建和改建的民用建筑结构工程和装修工程的统称。

2.1.2 环境测试舱(environmental test chamber)
模拟室内环境测试建筑材料和装修材料的污染物释放量的设备。

2.1.3　表面氡析出率(radon exhalation rate from soil surface)

单位面积、单位时间土壤或材料表面析出的氡的反射性活度。

2.1.4　内照射指数(I_{Ra})(internal exposure index)

建筑材料中天然放射性核素镭-226 的放射性比活度,除以比活度限量值 200 而得的商。

2.1.5　外照射指数(I_γ)(external exposure index)

建筑材料中天然放射性核素镭-226、钍-232 和钾-40 的放射性比活度,分别除比活度限量值 370、260、4200 而得的商之和。

2.1.6　氡浓度(radon consistence)

单位体积空气中氡的放射性活度。

2.1.7　人造木板(wood based panels)

以植物纤维为原料,经机械加工分离成各种形状的单元材料,再经组合并加入胶粘剂压制而成的板材,包括胶合板、纤维板、刨花板等。

2.1.8　饰面人造木板(decorated wood based panels)

以人造板为基材,经涂饰或复合装饰材料面层后的板材。

2.1.9　水性涂料(water-based coatings)

以水为稀释剂的涂料。

2.1.10　水性胶粘剂(water-based adhesives)

以水为稀释剂的胶粘剂。

2.1.11　水性处理剂(water-based treatment agents)

以水作为稀释剂,能浸入建筑材料和装修材料内部,提高其阻燃、防水、防腐等性能的液体。

2.1.12　溶剂型涂料(solvent-thinned coatings)

以有机溶剂作为稀释剂的涂料。

2.1.13　溶剂型胶粘剂(solvent-thinned adhesives)

以有机溶剂作为稀释剂的胶粘剂。

2.1.14　游离甲醛释放量(content of released formaldehyde)

在环境测试舱法或干燥器法的测试条件下,材料释放游离甲醛的量。

2.1.15　游离甲醛含量(content of free formaldehyde)

在穿孔法的测试条件下,材料单位质量中含有游离甲醛的量。

2.1.16　总挥发性有机化合物(total volatile organic compounds)

在本规范规定的检测条件下,所测得空气中挥发性有机化合物的总量,简称 TVOC。

2.1.17　挥发性有机化合物(volatile organic compounds)

在本规范规定的检测条件下,所测得材料中挥发性有机化合物的总量,简称 VOC。

2.2 符 号

I_{Ra}——内照射指数；

I_γ——外照射指数；

C_{Ra}——建筑材料中天然放射性核素镭-226 的放射性比活度；

C_{Th}——建筑材料中天然放射性核素钍-232 的放射性比活度；

C_K——建筑材料中天然放射性核素钾-40 的放射性比活度,贝可/千克(Bq/kg)；

f_i——第 i 种材料在材料总用量中所占的质量百分比(%)；

I_{Ra_i}——第 i 种材料的内照射指数；

I_{γ_i}——第 i 种材料的外照射指数。

3 材 料

3.1 无机非金属建筑主体材料和装修材料

3.1.1 民用建筑工程所使用的砂石、砖、砌块、水泥、混凝土、混凝土预制构件等无机非金属建筑主体材料的放射性限量,应符合表 3.1.1 的规定。

表 3.1.1 无机非金属建筑主体材料放射性限量

测定项目	限 量
内照射指数 I_{Ra}	≤1.0
外照射指数 I_γ	≤1.0

3.1.2 民用建筑工程所使用的无机非金属装修材料,包括石材、建筑卫生陶瓷、石膏板、吊顶材料、无机瓷质砖粘接材料等,进行分类时,其放射性指标限量应符合表 3.1.2 的规定。

表 3.1.2 无机非金属装修材料放射性限量

测定项目	限 量	
	A	B
内照射指数 I_{Ra}	≤1.0	≤1.3
外照射指数 I_γ	≤1.3	≤1.9

3.1.3 民用建筑工程所使用的加气混凝土和空心率(孔洞率)大于 25% 的空心砖、空心砌块等建筑主体材料,其放射性限量应符合表 3.1.3 的规定。

表 3.1.3 加气混凝土和空心率(孔洞率)大于 25% 的建筑主体材料放射性限量

测定项目	限量
表面氡析出率[Bq/(m² · s)]	≤0.015
内照射指数 I_{Ra}	≤1.0
外照射指数 I_γ	≤1.3

3.1.4　建筑主体材料和装修材料放射性核素的测试方法应符合现行国家标准《建筑材料放射性核素限量》GB6566 的有关规定,表面氡析出率的检测方法应符合本规范附录 A 的规定。

3.2　人造木板及饰面人造木板

3.2.1　民用建筑工程室内用人造木板及饰面人造木板,必须测定游离甲醛含量或游离甲醛释放量。

3.2.2　当采用环境测试舱法测定游离甲醛释放量,并依此对人造木板进行分级时,其限量应符合现行国家标准《室内装饰装修材料 人造板及其制品中甲醛释放限量》GB18580 的规定,见表 3.2.2。

表 3.2.2　环境测试舱法测定游离甲醛释放量限量

级　别	限　量(mg/m³)
E_1	≤0.12

3.2.3　当采用穿孔法测定游离甲醛含量,并依此对人造木板进行分级时,其限量应符合现行国家标准《室内装饰装修材料 人造板及其制品中甲醛释放限量》GB18580 的规定。

3.2.4　当采用干燥器法测定游离甲醛释放量,并依此对人造木板进行分级时,其限量应符合现行国家标准《室内装饰装修材料 人造板及其制品中甲醛释放限量》GB18580 的规定。

3.2.5　饰面人造木板可采用环境测试舱法或干燥器法测定游离甲醛释放量,当发生争议时应以环境测试舱法的测定结果为准;胶合板、细木工板宜采用干燥器法测定游离甲醛释放量;刨花板、纤维板等宜采用穿孔法测定游离甲醛含量。

3.2.6　环境测试舱法测定游离甲醛释放量,宜按本规范附录 B 进行。

3.2.7　采用穿孔法及干燥器法进行检测时,应符合现行国家标准《室内装饰装修材料 人造板及其制品中甲醛释放限量》GB18580 的规定。

3.3　涂　料

3.3.1　民用建筑工程室内用水性涂料和水性腻子,应测定游离甲醛的含量,其限量应符合表 3.3.1 的规定。

表 3.3.1　室内用水性涂料和水性腻子中游离甲醛限量

测定项目	限　量	
	水性涂料	水性腻子
游离甲醛(mg/kg)	≤100	

3.3.2　民用建筑工程室内用溶剂型涂料和木器用溶剂型腻子,应按其规定的最大稀释比例混合后,测定 VOC 和苯、甲苯＋二甲苯＋乙苯的含量,其限量应符合表 3.3.2 的规定。

表 3.3.2 室内用溶剂型涂料和木器用溶剂型腻子中 VOC、苯、甲苯十二甲苯十乙苯限量

涂料类别	VOC(g/L)	苯(%)	甲苯十二甲苯十乙苯(%)
醇酸类涂料	≤500	≤0.3	≤5
硝基类涂料	≤720	≤0.3	≤30
聚氨酯类涂料	≤670	≤0.3	≤30
酚醛防锈漆	≤270	≤0.3	—
其他溶剂型涂料	≤600	≤0.3	≤30
木器用溶剂型腻子	≤550	≤0.3	≤30

3.3.3 聚氨酯漆测定固化剂中游离甲苯二异氰酸酯(TDI、HDI)的含量后,应按其规定的最小稀释比例计算出聚氨酯漆中游离二异氰酸酯(TDI、HDI)含量,且不应大于 4g/kg。测定方法宜符合现行国家标准《色漆和清漆用漆基 异氰酸酯树脂中二异氰酸酯(TDI)单体的测定》GB/T18446 的有关规定。

3.3.4 水性涂料和水性腻子中游离甲醛含量测定方法,宜按现行国家标准《室内装饰装修材料 内墙涂料中有害物质限量》GB18582 有关的规定。

3.3.5 溶剂型涂料中挥发性有机化合物(VOC)、苯、甲苯十二甲苯十乙苯含量测定方法,宜符合本规范附录 C 的规定。

3.4 胶粘剂

3.4.1 民用建筑工程室内用水性胶粘剂,应测定挥发性有机化合物(VOC)和游离甲醛的含量,其限量应符合表 3.4.1 的规定。

表 3.4.1 室内用水性胶粘剂中 VOC 和游离甲醛限量

测定项目	限 量			
	聚乙酸乙烯酯胶粘剂	橡胶类胶粘剂	聚氨酯类胶粘剂	其他胶粘剂
挥发性有机化合物(VOC)(g/L)	≤110	≤250	≤100	≤350
游离甲醛(g/kg)	≤1.0	≤1.0	—	≤1.0

3.4.2 民用建筑工程室内用溶剂型胶粘剂,应测定其挥发性有机化合物(VOC)和苯、甲苯十二甲苯的含量,其限量应符合表 3.4.2 的规定。

表 3.4.2 室内用溶剂型胶粘剂中 VOC、苯、甲苯十二甲苯限量

测定项目	限 量			
	氯丁橡胶胶粘剂	SBS胶粘剂	聚氨酯类胶粘剂	其他胶粘剂
苯(g/kg)	≤5.0			
甲苯十二甲苯(g/kg)	≤200	≤150	≤150	≤150
挥发性有机物(g/L)	≤700	≤650	≤700	≤700

3.4.3 聚氨酯胶粘剂应测定游离甲苯二异氰酸酯(TDI)的含量,按产品推荐

的最小稀释量计算出聚氨酯漆中游离甲苯二异氰酸酯（TDI）含量，且不应大于4g/kg，测定方法宜符合现行国家标准《室内装饰装修材料　胶粘剂中有害物质限量》GB 18583－2008 附录 D 的规定。

3.4.4　水性缩甲醛胶粘剂中游离甲醛、挥发性有机化合物（VOC）含量的测定方法，宜符合现行国家标准《室内装饰装修材料　胶粘剂中有害物质限量》GB 18583－2008 附录 A 和附录 F 的规定。

3.4.5　溶剂型胶粘剂中挥发性有机化合物（VOC）、苯、甲苯＋二甲苯含量测定方法，宜符合本规范附录 C 的规定。

3.5　水性处理剂

3.5.1　民用建筑工程室内用水性阻燃剂（包括防火涂料）、防水剂、防腐剂等水性处理剂，应测定游离甲醛的含量，其限量应符合表 3.5.1 的规定。

表 3.5.1　室内用水性处理剂中游离甲醛限量

测定项目	限　　量
游离甲醛（mg/kg）	≤100

3.5.2　水性处理剂中游离甲醛含量的测定方法，宜按现行国家标准《室内装饰装修材料 内墙涂料中有害物质限量》GB 18582 的方法进行。

3.6　其他材料

3.6.1　民用建筑工程中所使用的能释放氨的阻燃剂、混凝土外加剂，氨的释放量不应大于 0.10%，测定方法应符合现行国际标准《混凝土外加剂中释放氨的限量》GB 18588 的有关规定。

3.6.2　能释放甲醛的混凝土外加剂，其游离甲醛含量不应大于 500mg/kg，测定方法应符合现行国家标准《室内装饰装修材料 内墙涂料中有害物质限量》GB 18582 的有关规定。

3.6.3　民用建筑工程中使用的粘合木结构材料，游离甲醛释放量不应大于 0.12mg/m²，其测定方法应符合本规范附录 B 的有关规定。

3.6.4　民用建筑工程室内装修时，所使用的壁布、帷幕等游离甲醛释放量不应大于 0.12mg/m²，其测定方法应符合本规范附录 B 的有关规定。

3.6.5　民用建筑工程室内用壁纸中甲醛含量不应大于 120mg/kg，测定方法应符合现行国家标准《室内装饰装修材料 壁纸中有害物质限量》GB 18585 的有关规定。

3.6.6　民用建筑工程室内用聚氯乙烯卷材地板中挥发物含量测定方法应符合现行国家标准《室内装饰装修材料 聚氯乙烯卷材地板中有害物质限量》GB 18586 的规定，其限量应符合表 3.6.6 的有关规定。

表 3.6.6　聚氯乙烯卷材地板中挥发物限量

名　　称		限量（mg/m²）
发泡类卷材地板	玻璃纤维基材	≤75
	其他基材	≤35
非发泡类卷材地板	玻璃纤维基材	≤40
	其他基材	≤10

3.6.7　民用建筑工程室内用地毯、地毯衬垫中总挥发性有机化合物和游离甲醛的释放量测定方法应符合本规范附录 B 的规定，其限量应符合表 3.6.7 的有关规定。

表 3.6.7　地毯、地毯衬垫中有害物质释放限量

名　　称	有害物质项目	限量（mg/m² · h）	
		A 级	B 级
地毯	总挥发性有机化合物	≤0.500	≤0.600
	游离甲醛	≤0.050	≤0.050
地毯衬垫	总挥发性有机化合物	≤1.000	≤1.200
	游离甲醛	≤0.050	≤0.050

4　工程勘察设计

4.1　一般规定

4.1.1　新建、扩建的民用建筑工程设计前，应进行建筑工程所在城市区域土壤中氡浓度或土壤表面氡析出率调查，并提交相应的调查报告。未进行过区域土壤中氡浓度或土壤表面氡析出率测定的，应进行建筑场地土壤中氡浓度或土壤表面氡析出率测定，并提供相应的检测报告。

4.1.2　民用建筑工程设计应根据建筑物的类型和用途控制装修材料的使用量。

4.1.3　民用建筑工程的室内通风设计，应符合现行国家标准《民用建筑设计通则》GB 50352 的有关规定，对于采用中央空调的民用建筑工程，新风量应符合现行国家标准《公共建筑节能设计标准》GB 50189 的有关规定。

4.1.4　采用自然通风的民用建筑工程，自然间的通风开口有效面积不应小于该房间地板面积的 1/20。夏热冬冷地区、寒冷地区、严寒地区等Ⅰ类民用建筑工程需要长时间关闭门窗使用时，房间应采取通风换气措施。

4.2　工程地点土壤中氡浓度调查及防氡

4.2.1　新建、扩建的民用建筑工程的工程地质勘查资料，应包括工程所在城市区域土壤氡浓度或土壤表面氡析出率测定历史资料及土壤氡浓度或土壤表面氡析出率平均值数据。

4.2.2　已进行过土壤中氡浓度或土壤表面氡析出率区域性测定的民用建筑工程，当土壤氡浓度测定结果平均值不大于 10000Bq/m³ 或土壤表面氡析出率测定结果平均值不大于 0.02Bq/(m²·s)，且工程场地所在地点不存在地质断裂构造时，可不再进行土壤氡浓度测定；其他情况均应进行工程场地土壤中氡浓度或土壤表面氡析出率测定。

4.2.3　当民用建筑工程场地土壤氡浓度不大于 20000Bq/m³ 或土壤表面氡析出率不大于 0.05Bq/(m²·s)时，可不采取防氡工程措施。

4.2.4　当民用建筑工程场地土壤氡浓度测定结果大于 20000Bq/m³，且小于 30000Bq/m³，或土壤表面氡析出率大于 0.05Bq/(m²·s)且小于 0.1Bq/(m²·s)时，应采取建筑物底层地面抗开裂措施。

4.2.5　当民用建筑工程场地土壤氡浓度测定结果大于或等于 30000Bq/m³，且小于 50000Bq/m³，或土壤表面氡析出率大于或等于 0.1Bq/(m²·s)且小于 0.3Bq/(m²·s)时，除采取建筑物底层地面抗开裂措施外，还必须按现行国家标准《地下工程防水技术规范》GB50108 中的一级防水要求，对基础进行处理。

4.2.6　当民用建筑工程场地土壤氡浓度测定结果大于或等于 50000Bq/m³，或土壤表面氡析出率平均值大于或等于 0.3Bq/(m²·s)时，应采取建筑物综合防氡措施。

4.2.7　当Ⅰ类民用建筑工程场地土壤中氡浓度大于或等于 50000Bq/m³，或土壤表面氡析出率大于或等于 0.3Bq/(m²·s)时，应进行工程场地土壤中的镭-226、钍-232、钾-40 比活度测定。当内照射指数(I_{Ra})大于 1.0 或外照射指数(I_γ)大于 1.3 时，工程场地土壤不得作为工程回填土使用。

4.2.8　民用建筑工程场地土壤中氡浓度测定方法及土壤表面氡析出率测定方法应按本规范附录 E 的规定。

4.3　材料选择

4.3.1　民用建筑工程室内不得使用国家禁止使用、限制使用的建筑材料。

4.3.2　Ⅰ类民用建筑工程室内装修采用的无机非金属装修材料必须为 A 类。

4.3.3　Ⅱ类民用建筑工程宜采用 A 类无机非金属建筑材料和装修材料；当 A 类和 B 类无机非金属装修材料混合使用时，每种材料的使用量应按下式计算：

$$\sum f_i \cdot I_{Ra} \leqslant 1.0 \tag{4.3.3-1}$$

$$\sum f_i \cdot I_\gamma \leqslant 1.3 \tag{4.3.3-2}$$

式中：f_i——第 i 种材料在材料总用量中所占的质量百分比(%)；

I_{Ra}——第 i 种材料的内照射指数；

I_γ——第 i 种材料的外照射指数。

4.3.4　Ⅰ类民用建筑工程的室内装修，采用的人造木板及饰面人造木板必须达到 E_1 级要求。

4.3.5 Ⅱ类民用建筑工程的室内装修，采用的人造木板及饰面人造木板宜达到 E_1 级要求；当采用 E_2 级人造木板时，直接暴露于空气的部位应进行表面涂覆密封处理。

4.3.6 民用建筑工程的室内装修，所采用的涂料、胶粘剂、水性处理剂，其苯、甲苯和二甲苯、游离甲醛、游离甲苯二异氰酸酯（TDI）、挥发性有机化合物（VOC）的含量，应符合本规范的规定。

4.3.7 民用建筑工程室内装修时，不应采用聚乙烯醇水玻璃内墙涂料、聚乙烯醇缩甲醛内墙涂料和树脂以硝化纤维素为主、溶剂以二甲苯为主的水包油型（O/W）多彩内墙涂料。

4.3.8 民用建筑工程室内装修时，不应采用聚乙烯醇缩甲醛类胶粘剂。

4.3.9 民用建筑工程室内装修中所使用的木地板及其他木质材料，严禁采用沥青、煤焦油类防腐、防潮处理剂。

4.3.10 Ⅰ类民用建筑工程室内装修粘贴塑料地板时，不应采用溶剂型胶粘剂。

4.3.11 Ⅱ类民用建筑工程中地下室及不与室外直接自然通风的房间贴塑料地板时，不宜采用溶剂型胶粘剂。

4.3.12 民用建筑工程中，不应在室内采用脲醛树脂泡沫塑料作为保温、隔热和吸声材料。

5 工程施工

5.1 一般规定

5.1.1 建设、施工单位应按设计要求及本规范的有关规定，对所用建筑材料和装修材料进行进场抽查复验。

5.1.2 当建筑材料和装修材料进场检验，发现不符合设计要求及本规范的有关规定时，严禁使用。

5.1.3 施工单位应按设计要求及本规范的有关规定进行施工，不得擅自更改设计文件要求。当需要更改时，应按规定程序进行设计变更。

5.1.4 民用建筑工程室内装修，当多次重复使用同一设计时，宜先做样板间，并对其室内环境污染物浓度进行检测。

5.1.5 样板间室内环境污染物浓度的检测方法，应符合本规范第6章的有关规定。当检测结果不符合本规范的规定时，应查找原因并采取相应措施进行处理。

5.2 材料进场检验

5.2.1 民用建筑工程中所采用的无机非金属建筑材料和装修材料必须有放射性指标检测报告，并应符合设计要求和本规范的有关规定。

5.2.2 民用建筑工程室内饰面采用的天然花岗岩石材或瓷质砖使用面积大于 $200m^2$ 时，应对不同产品、不同批次材料分别进行放射性指标的抽查复验。

5.2.3　民用建筑工程室内装修中所采用的人造木板及饰面人造木板,必须有游离甲醛含量或游离甲醛释放量检测报告,并应符合设计要求和本规范的有关规定。

5.2.4　民用建筑工程室内装修中采用的某一种人造木板或饰面人造木板面积大于 500 m² 时,应对不同产品、不同批次材料的游离甲醛含量或游离甲醛释放量分别进行抽查复验。

5.2.5　民用建筑工程室内装修中所采用的水性涂料、水性胶粘剂、水性处理剂必须有同批次产品的挥发性有机化合物(VOC)和游离甲醛含量检测报告;溶剂型涂料、溶剂型胶粘剂必须有同批次产品的挥发性有机化合物(VOC)、苯、甲苯＋二甲苯、游离甲苯二异氰酸酯(TDI)含量检测报告,并应符合设计要求和本规范的有关规定。

5.2.6　建筑材料和装修材料的检测项目不全或对检测结果有疑问时,必须将材料送有资格的检测机构进行检验,检验合格后方可使用。

5.3　施工要求

5.3.1　采取防氡设计措施的民用建筑工程,其地下工程的变形缝、施工缝、穿墙管(盒)、埋设件、预留孔洞等特殊部位的施工工艺,应符合现行国家标准《地下工程防水技术规范》GB50108 的有关规定。

5.3.2　Ⅰ类民用建筑工程当采用异地土作为回填土时,该回填土应进行镭-226、钍-232、钾-40 比活度测定。当内照射指数(I_{Ra})不大于 1.0 和外照射指数(I_γ)不大于 1.3 时,方可使用。

5.3.3　民用建筑工程室内装修时,严禁使用苯、工业苯、石油苯、重质苯及混苯作为稀释剂和溶剂。

5.3.4　民用建筑工程室内装修施工时,不应使用苯、甲苯、二甲苯和汽油进行除油和清除旧油漆作业。

5.3.5　涂料、胶粘剂、水性处理剂、稀释剂和溶剂等使用后,应及时封闭存放,废料应及时清出。

5.3.6　民用建筑工程室内严禁使用有机溶剂清洗施工用具。

5.3.7　采暖地区的民用建筑工程,室内装修施工不宜在采暖期内进行。

5.3.8　民用建筑工程室内装修中,进行饰面人造木板拼接施工时,对达不到 E_1 级的芯板,应对其断面及无饰面部位进行密封处理。

5.3.9　壁纸(布)、地毯、装饰板、吊顶等施工时,应注意防潮,避免覆盖局部潮湿区域。空调冷凝水导排应符合现行国家标准《采暖通风与空气调节设计规范》GB50019 的有关规定。

6　验　收

6.0.1　民用建筑工程及室内装修工程的室内环境质量验收,应在工程完工至少 7d 以后、工程交付使用前进行。

6.0.2 民用建筑工程及其室内装修工程验收时,应检查下列资料:

(1)工程地质勘查报告、工程地点土壤中氡浓度或氡析出率检测报告、工程地点土壤天然放射性核素镭-226、钍-232、钾-40 含量检测报告;

(2)涉及室内新风量的设计、施工文件,以及新风量的检测报告;

(3)涉及室内环境污染控制的施工图设计文件及工程设计变更文件;

(4)建筑材料和装修材料的污染物含量检测报告,材料进场检验记录,复验报告;

(5)与室内环境污染控制有关的隐蔽工程验收记录、施工记录;

(6)样板间室内环境污染物浓度检测报告(不做样板间的除外)。

6.0.3 民用建筑工程所用建筑材料和装修材料的类别、数量和施工工艺等,应符合设计要求和本规范的有关规定。

6.0.4 民用建筑工程验收时,必须进行室内环境污染物浓度检测。其限量应符合表 6.0.4 的规定。

表 6.0.4 民用建筑工程室内环境污染物浓度限量

污染物	Ⅰ类民用建筑工程	Ⅱ类民用建筑工程
氡(Bq/m³)	≤200	≤400
甲醛(mg/m³)	≤0.08	≤0.1
苯(mg/m³)	≤0.09	≤0.09
氨(mg/m³)	≤0.2	≤0.2
TVOG(mg/m³)	≤0.5	≤0.6

注:①表中污染物浓度限量,除氡外均指室内测量值扣除同步测定的室外上风向空气测量值(本底值)后的测量值。

②表中污染物浓度测量值的极限值判定,采用全数值比较法。

6.0.5 民用建筑工程验收时,采用集中中央空调的工程,应进行室内新风量的检测,检测结果应符合设计要求和现行国家标准《公共建筑节能设计标准》GB50189 的有关规定。

6.0.6 民用建筑工程室内空气中氡的检测,所选用方法的测量结果不确定度不应大于 25%,方法的探测下限不应大于 10Bq/m³。

6.0.7 民用建筑工程室内空气中甲醛的检测方法,应符合现行国家标准《公共场所空气中甲醛测定方法》GB/T 18204.26 中酚试剂分光光度法的规定。

6.0.8 民用建筑工程室内空气中甲醛检测,也可采用简便取样仪器检测方法,甲醛简便取样仪器应定期进行校准,测量结果在 0.01～0.60mg/m³ 测定范围内的不确定度应小于 20%。当发生争议时,应以现行国家标准《公共场所空气中甲醛检验方法》GB/T 18204.26 中酚试剂分光光度法的测定结果为准。

6.0.9　民用建筑工程室内空气中苯的检测方法,应符合本规范附录 F 的规定。

6.0.10　民用建筑工程室内空气中氨的检测方法,应符合现行国家标准《公共场所空气中氨测定方法》GB/T 18204.25 中靛酚蓝光光度法的规定。

6.0.11　民用建筑工程室内空气中总挥发性有机化合物(TVOC)的检测方法,应符合本规范附录 G 的规定。

6.0.12　民用建筑工程验收时,应抽检每个建筑单体有代表性的房间室内环境污染物浓度,氡、甲醛、氨、苯、TVOC 的抽检数量不得少于房间总数的 5%,每个建筑单体不得少于 3 间,当房间总数少于 3 间时,应全数检测。

6.0.13　民用建筑工程验收时,凡进行了样板间室内环境污染物浓度检测且检测结果合格的,抽检量减半,并不得少于 3 间。

6.0.14　民用建筑工程验收时,室内环境污染物浓度检测点数应按表 6.0.14 设置。

表 6.0.14　室内环境污染物浓度检测点数设置

房间使用面积(m^2)	检测点数(个)
<50	1
≥50,<100	2
≥100,<500	不少于 3
≥500,<1000	不少于 5
≥1000,<3000	不少于 6
≥3000	不少于 9

6.0.15　当房间内有 2 个及以上检测点时,应采用对角线、斜线、梅花状均衡布点,并取各点检测结果的平均值作为该房间的检测值。

6.0.16　民用建筑工程验收时,环境污染物浓度现场检测点应距内墙面不小于 0.5m、距楼地面高度 0.8～1.5m。检测点应均匀分布,避开通风道和通风口。

6.0.17　民用建筑工程室内环境中甲醛、苯、氨、总挥发性有机化合物(TVOC)浓度检测时,对采用集中空调的民用建筑工程,应在空调正常运转的条件下进行;对采用自然通风的民用建筑工程,检测应在对外门窗关闭 1h 后进行。对甲醛、氨、苯、TVOC 取样检测时,装饰装修工程中完成的固定式夹具,应保持正常使用状态。

6.0.18　民用建筑工程室内环境中氡浓度检测时,对采用集中空调的民用建筑工程,应在空调正常运转的条件下进行;对采用自然通风的民用建筑工程,应在房间的对外门窗关闭 24h 以后进行。

6.0.19　当室内环境污染物浓度的全部检测结果符合本规范表 6.0.4 的规定时,可判定该工程室内环境质量合格。

6.0.20　当室内环境污染物浓度检测结果不符合本规范的规定时,应查找原因并采取措施进行处理。抽取进行处理措施后的工程,可对不合格项进行再次检测。再次检测时,抽检量应增加 1 倍,并应包含同类型房间及原不合格房间。再次检测结果全部符合本规范的规定时,应判定为室内环境质量合格。

6.0.21 室内环境质量验收不合格的民用建筑工程,严禁投入使用。

附录 A   材料表面氡析出率测定

A.1   仪器直接测定建筑材料表面氡析出率

A.1.1   建筑材料表面氡析出率的测定仪器包括取样与测量两部分,工作原理分为被动收集型和主动抽气采集型两种。测量装置应符合下列规定:

(1)连续 10h 测量探测下限不应大于 0.001Bq/(m² · s);

(2)不确定度不应大于 20%;

(3)仪器应在刻度有效期内;

(4)测量温度应为 25±5℃;相对湿度应为 45%±15%。

A.1.2   被动收集型测试仪器表面氡析出率测定步骤应包括:

(1)清理被测材料表面,将采气容器平扣在平整表面上,使收集器端面与被测材料表面间密封,被测表面积(m²)与测定仪器的采气容器容积(m³)之比为 2:1。

(2)测量时间 1h 以上,根据氡析出率大小决定是否延长测量时间。

(3)仪器表面氡析出率测量值乘以仪器刻度系数后的结果,为材料表面氡析出率测量值。

A.1.3   主动抽气采集型测定建筑材料表面氡析出率步骤应包括:

(1)被测试块准备:使被测样品表面积(m²)与抽气采集容器(抽气采集容器或盛装被测试块容器)内净空间(即抽气采集容器内容积,或盛装被测试块容器减去被测试块的外形体积后的净空间)容积(m³)之比为 2:1,清理被测试块表面,准备测量。

(2)测量装置准备:试块测试前,测量气路系统内干净空气氡浓度本底值并记录。

(3)将被测试块及测量装置摆放到位,使抽气采集容器(抽气采集容器或盛装被测试块容器)密封,直至测量结束。

(4)准备就绪后即开始测量并计时,试块测量时间在 2h 以上、10h 以内。

(5)试块的表面氡析出率 ε 应按照下式进行计算:

$$\varepsilon = \frac{c \cdot V}{S \cdot T} \tag{A.1.3}$$

式中:ε——试块表面氡析出率[Bq/(m² · s)];

c——测量装置系统内的空气氡浓度(Bq/m³);

V——测量系统内净空间容积(抽气采集容器内容积,或盛装被测试块容器减去被测试块的外形体积后的净空间)(m³);

S——被测试块的外表面积(m^3);

T——从开始测量到测量结束经历的时间(s)。

A.2　活性炭盒法测定建筑材料表面氡析出率

A.2.1　建筑材料表面氡析出率活性炭测量方法应符合现行国家标准《建筑物表面氡析出率的活性炭测量方法》GB/T 16143 的有关规定。

附录 B　环境测试舱法测定材料中游离甲醛释放量

B.0.1　环境测试舱的容积应为 1～40m³。

B.0.2　环境测试舱的内壁材料应采用不锈钢、玻璃等惰性材料建造。

B.0.3　环境测试舱的运行条件应符合下列规定:

(1)温度:23±1℃;

(2)相对湿度:45%±5%;

(3)空气交换率:(1±0.05)次/h;

(4)被测样品表面附近空气流速:0.1～0.3m/s;

(5)人造木板、粘合木结构材料、壁布、帷幕的表面积与环境测试舱容积之比应为 1:1;地毯、地毯衬垫的面积与环境测试舱容积之比为 0.4:1;

(6)测定材料的 TVOC 和游离甲醛释放量前,环境测试舱内洁净空气中 TVOC 含量不应大于 0.01mg/m³、游离甲醛含量不应大于 0.01mg/m³。

B.0.4　测试应符合下列规定:

(1)测定饰面人造木板时,用于测试的板材均应用不含甲醛的胶带进行边沿密封处理;

(2)人造木板、粘合木结构材料、壁布、帷幕应垂直放在环境测试舱内的中心位置,材料之间距离不应小于 200mm,并与气流方向平行;

(3)地毯、地毯衬垫应正面向上平铺在环境测试舱底,使空气气流均匀地从试样表面通过;

(4)环境测试舱法测试人造木板或粘合木结构材料的游离甲醛释放量,应每天测试 1 次。当连续 2d 测试浓度下降不大于 5% 时,可认为达到了平衡状态。以最后 2 次测试值的平均值作为材料游离甲醛释放量测定值;如果测试第 28d 仍然达不到平衡状态,可结束测试,以第 28d 的测试结果作为游离甲醛释放量测定值;

(5)环境测试舱法测试地毯、地毯衬垫、壁布、帷幕的 TVOC 或游离甲醛释放量,试样在试验条件下,在测试舱内持续放置时间应为 24h。

B.0.5　环境测试舱内的空气取样分析时,应将气体抽样系统与环境测试舱的气体出口相连后再进行采样。

B.0.6　材料中 TVOC 释放量测定的采样体积应为 10L,测试方法应符合本规范附录 G 的规定,同时应扣除环境测试舱的本底值。

B.0.7　材料中游离甲醛释放量测定的采样体积应为 10～20L,测试方法应符合现行国家标准《公共场所空气中甲醛测定方法》GB/T 18204.26 中酚试剂分光光度法的规定,同时应扣除环境测试舱的本底值。

B.0.8 地毯、地毯衬垫的 TVOC 或游离甲醛释放量应按下式进行计算:

$$EF = C_s(N/L) \tag{B.0.8}$$

式中:EF——舱释放量[mg/(m² · h)]

C_S——舱浓度(mg/m³)

N——舱空气交换率(h^{-1})

L——材料/舱负荷比(m²/m³)。

附录 C 溶剂型涂料、溶剂型胶粘剂中挥发性有机化合物(VOC)、苯系物含量测定

C.1 溶剂型涂料、溶剂型胶粘剂中挥发性有机化合物(VOC)含量测定

C.1.1 溶剂型涂料、溶剂型胶粘剂应分别测定其密度及不挥发物的含量,并计算挥发性有机化合物(VOC)的含量。

C.1.2 不挥发物的含量应按现行国家标准《色漆、清漆和塑料 不挥发物含量的测定》GB/T 1725 的方法进行测定。

C.1.3 密度应按现行国家标准《色漆和清漆 密度的测定-比重瓶法》GB/T 6750 提供的方法进行测定。

C.1.4 样品中 VOC 的含量。应按下式进行计算:

$$C_{\text{VOC}} = \frac{w_1 + w_2}{w_1} \rho_s \times 1000 \tag{C.1.4}$$

式中:C_{VOC}——样品中挥发性有机化合物含量(g/L);

w_1——样品质量(g);

w_2——不挥发物质量(g);

ρ_s——样品在 23℃时的密度(g/mL)。

C.2 溶剂型涂料中苯、甲苯+二甲苯+乙苯含量测定

C.2.1 仪器及设备应包括:

(1)带氢火焰离子化检测器的气相色谱仪;

(2)长度 30~50m、内径 0.32mm 或 0.53mm 石英柱、内涂覆二甲基聚硅氧烷、膜厚 1~5μm 的毛细管柱;柱操作条件为程序升温,初始温度为 50℃,保持 10min,升温速率 10~20℃/min,温度升至 250℃,保持 2min;

(3)容积为 10mL、20mL 或 60mL 的顶空瓶;

(4)恒温箱;

(5)1μL、10μL、1mL 注射器若干个。

C.2.2 试剂及材料应包括:

(1)含苯为 20.00mg/mL 的标准溶液,以及浓度均为 500.00mg/mL 的甲苯、

二甲苯、乙苯(单组分)标准溶液;

(2)20mm×70mm 的定量滤纸条;

(3)载气为氮气(纯度不应小于 99.99%)。

C.2.3　样品测定应包括下列步骤:

(1)标准系列制备:取 5 只顶空瓶,将滤纸条放入顶空瓶后密封;用微量注射器准确吸取适量的标准溶液,注射在瓶内的滤纸条上,使苯的含量分别为 0.300mg、0.600mg、0.900mg、1.200mg、1.800mg;使甲苯、二甲苯、乙苯(单组分)的含量分别为 2.00mg、5.00mg、10.00mg、25.00mg、50.00mg。

(2)样品制备:取装有滤纸条的顶空瓶称重,精确到 0.0001g,应将样品(约 0.2g)涂在滤纸条上,密封后称重,精确到 0.0001g,两次称重的差值为样品质量。

(3)将上述标准品系列及样品,置于 40℃恒温箱中平衡 4h,并取 0.2mL 顶空气作气相色谱分析,记录峰面积。

(4)应以峰面积为纵坐标,分别以苯、甲苯、二甲苯、乙苯质量为横坐标,绘制标准曲线图。

(5)应从标准曲线上查得样品中苯、甲苯、二甲苯、乙苯的质量。

C.2.4　计算方法应符合下列规定:

(1)样品中苯的质量分数应按下式计算:

$$C_1 = \frac{m_1}{W} \times 100 \qquad (C.2.4\text{-}1)$$

式中:C_1——样品中苯的质量分数(%);

　　　m_1——被测样品中笨的质量(g);

　　　W——样品的质量(g)。

(2)样品中甲苯+二甲苯+乙苯的质量分数应按下式计算:

$$C_2 = \frac{m_2 + m_3 + m_4}{W \times 100} \qquad (C.2.4\text{-}2)$$

式中:C_2——样品中苯的质量分数(%);

　　　m_2——被测样品中甲苯的质量(g);

　　　m_3——被测样品中二甲苯的质量(g);

　　　m_4——被测样品中乙苯的质量(g);

　　　W——样品的质量(g)。

C.3　溶剂型胶粘剂中苯、甲苯+二甲苯含量测定

C.3.1　仪器及设备应包括:

(1)带氢火焰离子化检测器的气相色谱仪;

(2)长度 30~50m、内径 0.32mm 或 0.53mm 石英柱、内涂覆二甲基聚硅氧烷、膜厚 1~5μm 的毛细管柱;柱操作条件为程序升温,初始温度为 50℃,保持 10min,升温速率 10~20℃/min,温度升至 250℃,保持 2min;

(3)容积为 10mL、20mL 或 60mL 的顶空瓶;

(4)恒温箱;

(5)1μL、10μL、1mL 注射器若干个。

C.3.2 试剂及材料应包括:

(1)含苯为 20.00mg/mL 的标准溶液,以及浓度均为 500.00mg/mL 的甲苯、二甲苯(单组分)标准溶液;

(2)20mm×70mm 的定量滤纸条;

(3)载气为氮气(纯度不应小于 99.99%)。

C.3.3 样品测定应包括下列步骤:

(1)标准系列制备:取 5 只顶空瓶,将滤纸条放入顶空瓶后密封;用微量注射器准确吸取适量的标准溶液,注射在瓶内的滤纸条上,使苯的含量分别为 0.300mg、0.600mg、0.900mg、1.200mg、1.800mg;使甲苯、二甲苯(单组分)的含量分别为 2.00mg、5.00mg、10.00mg、25.00mg、50.00mg。

(2)样品制备:取装有滤纸条的顶空瓶称重,精确到 0.0001g,应将样品(约 0.2g)涂在滤纸条上,密封后称重,精确到 0.0001g,两次称重的差值为样品质量。

(3)将上述标准品系列及样品,置于 40℃恒温箱中平衡 4h,并取 0.2mL 顶空气作气相色谱分析,记录峰面积。

(4)应以峰面积为纵坐标,分别以苯、甲苯、二甲苯质量为横坐标,绘制标准曲线图。

(5)应从标准曲线上查得样品中苯、甲苯、二甲苯的质量。

C.3.4 计算方法如下:

(1)样品中苯的质量分数应按下式计算:

$$C_1 = \frac{m_1}{W} \times 100 \qquad (C.3.4\text{-}1)$$

式中:C_1——样品中苯的质量分数(%);

$\quad m_1$——被测样品中苯的质量(g);

$\quad W$——样品的质量(g)。

(2)样品中甲苯+二甲苯的质量分数应按下式计算:

$$C_2 = \frac{m_2 + m_3}{W} \times 100 \qquad (C.2.4\text{-}2)$$

式中:C_2——样品中甲苯+二甲苯的质量分数(%);

$\quad m_2$——被测样品中甲苯的质量(g);

$\quad m_3$——被测样品中二甲苯的质量(g);

$\quad W$——样品的质量(g)。

附录 D 新建住宅建筑设计与施工中氡控制要求

D.0.1 建筑物底层宜设计为架空层,隔绝土壤氡进入室内。

D.0.2 当民用建筑工程有地下室设计时,应利用地下室采取防氡措施,隔绝土壤氡进入室内。

D.0.3　架空层底板或地下室的地板应采取以下措施减少开裂：

(1)在地板(底板)里埋设钢筋编织网；

(2)添加纤维类材料增强抗开裂性能；

(3)加强养护以确保浇筑混凝土的质量。

D.0.4　架空层底板或地下室的地板所有管孔及开口结合部应选用密封剂进行封堵。

D.0.5　架空层底板或地下室的地板下宜配合采用土壤降压处理法进行防氡(图 D.0.5)，设计施工注意事项应包括下列内容：

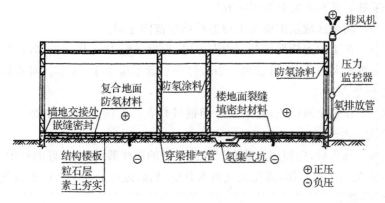

图 D.0.5　土壤降压法系统

(1)在底板下连续铺设一层 100mm～150mm 高的卵石或粒石，其粒径在 12mm～25mm 之间；

(2)底板下空间被地梁或地垄墙分隔成若干空间时，在地梁或地垄墙上要预留洞口或穿梁排气管来打断这种分隔，消除对气流的阻碍，保证底板下气流通畅；

(3)在排氡分区中央设置 1200mm×1200mm×200mm 的集气坑；

(4)安装直径为 100mm～150mm 的 PVC 排氡管，从集气坑引至室外并延伸到屋面以上，排气口周边 7.5m 范围内不得设置进风口；

(5)在排氡管末端安装排风机；

(6)设置报警装置：当系统非正常运行、底板空间的负压不能满足系统需求时，系统会发出警报，提示工作人员对系统的运行进行检查。

D.0.6　采用集中中央空调的民用建筑，宜加大室内新风量供应。

D.0.7　采用自然通风的民用建筑，宜加强自然通风，必要时采取机械通风。

D.0.8　民用建筑工程中所采用的防氡复合地面材料宜具有高弹性、高强度、耐老化、耐酸、耐碱、抗渗透等性能。

D.0.9　民用建筑工程所采用的墙面防氡涂料及腻子宜具有较好的耐久性、耐潮湿性、粘结力、延伸性。

附录 E 土壤中氡浓度及土壤表面氡析出率测定

E.1 土壤中氡浓度测定

E.1.1 土壤中氡气的浓度可采用电离室法、静电收集法、闪烁瓶法、金硅面垒型探测器等方法进行测量。

E.1.2 测试仪器性能指标应包括：

(1)工作温度应为：$-10\sim40℃$；

(2)相对湿度不应大于 90%；

(3)不确定度不应大于 20%；

(4)探测下限不应大于 $400Bq/m^3$。

E.1.3 测量区域范围应与工程地质勘察范围相同。

E.1.4 在工程地质勘察范围内布点时，应以间距 10m 作网格，各网格点即为测试点，当遇较大石块时，可偏离 $\pm2m$，但布点数不应少于 16 个。布点位置应覆盖基础工程范围。

E.1.5 在每个测试点，应采用专用钢钎打孔。孔的直径宜为 $20\sim40mm$，孔的深度宜为 $500\sim800mm$。

E.1.6 成孔后，应使用头部有气孔的特制的取样器，插入打好的孔中，取样器在靠近地表处应进行密闭，避免大气渗入孔中，然后进行抽气。宜根据抽气阻力大小抽气 $3\sim5$ 次。

E.1.7 所采集土壤间隙中的空气样品，宜采用静电收集法、电离室法或闪烁瓶法、高压收集金硅面垒型探测器测量法等测定现场土壤氡浓度。

E.1.8 取样测试时间宜在 $8:00\sim18:00$，现场取样测试工作不应在雨天进行，如遇雨天，应在雨后 24h 后进行。

E.1.9 现场测试应有记录，记录内容包括：测试点布设图，成孔点土壤类别，现场地表状况描述，测试前 24h 以内工程地点的气象状况等。

E.1.10 地表土壤氡浓度测试报告的内容应包括：取样测试过程描述、测试方法、土壤氡浓度测试结果等。

E.2 土壤表面氡析出率测定

E.2.1 土壤表面氡析出率测量所需仪器设备包括取样设备、测量设备。取样设备的形状应为盆状，工作原理分为被动收集型和主动抽气采集型两种。现场测量设备应满足以下工作条件要求：

(1)工作温度范围应为：$-10\sim40℃$；

(2)相对湿度不应大于 90%；

(3)不确定度不应大于 20%；

(4)探测下限不应大于 $0.01Bq/(m^2 \cdot s)$。

E.2.2 测量步骤应符合下列规定：

（1）按照"E.1 土壤中氡浓度测定"的要求，首先在建筑物场地按 20m×20m 网格布点，网格点交叉处进行土壤氡析出率测量。

（2）测量时，须清扫采样点地面，去除腐殖质、杂草及石块，把取样器扣在平整后的地面上，并用泥土对取样器周围进行密封，防止漏气，准备就绪后，开始测量并开始计时(t)。

（3）土壤表面氡析出率测量过程中，应注意控制下列几个环节：

①使用聚集罩时，罩口与介质表面的接缝处应当封堵，避免罩内氡向外扩散（一般情况下，可在罩沿周边培一圈泥土，即可满足要求）。对于从罩内抽取空气测量的仪器类型来说，必须更加注意。

②被测介质表面应平整，保持各个测量点测量过程中罩内空间的体积不出现明显变化。

③测量的聚集时间等参数应与仪器测量灵敏度相适应，以保证足够的测量准确度。

④测量应在无风或微风条件下进行。

E.2.3　被测地面的氡析出率应按下式进行计算：

$$R = \frac{N_t \cdot V}{S \cdot T} \tag{E.2.3}$$

式中：R——土壤表面氡析出率$[Bq/(m^2 \cdot s)]$；

　　N_t——t 时刻测得的罩内氡浓度(Bq/m^2)；

　　V——聚集罩所罩住的罩内容积(m^3)；

　　S——聚集罩所罩住的介质表面的面积(m^2)；

　　T——测量经历的时间(s)。

E.3　城市区域性土壤表面氡水平调查方法

E.3.1　测点布置应符合下列规定：

（1）在城市区域应按 2km×2km 网格布置测点，部分中小城市可以按 1km×1km 网格布置测点。因地形、建筑等原因测点位置可以偏移，但最好不超过 200m。

（2）每个城市测点数量在 100 个左右。

（3）应尽量使用 1：50000～1：100000（或更大比例尺）地形（地质）图和全球卫星定位仪（GPS），确定测点位置并在图上标注。

E.3.2　调查方法应满足下列要求：

（1）调查前应制订方案，准备好测量仪器和其他工具。仪器在使用前应进行标定，如使用两台或两台以上仪器进行调查，最好所用仪器同时进行标定，以保证仪器量值的一致性。

（2）测点定位：调查测点位置用 GPS 定位，同时对地理位置进行简要描述。

（3）测量深度：调查打孔深度统一定为 500～800mm，孔径 20～40mm。

（4）测量次数：每一测点应重复测量 3 次，以算术平均值作为该点的氡浓度（或每一测点在 3m² 范围内打三个孔,每孔测一次求平均值)。

(5)其他测量要求(如天气)和测量过程中需记录的事项应按本规范附录 E.1 的规定执行。

E.3.3 调查的质量保证应符合下列规定:

(1)仪器使用前应按仪器说明书检查仪器稳定性(如测量标准 α 源、电路自检等方法)。

(2)使用两台以上的仪器工作时应检查仪器的一致性,一般两台仪器测量结果的相对标准偏差应小于 25%。

应挑选 10% 左右测点进行复查测量,复查测量结果应一并反映在测量原始数据表中。

E.3.4 城市区域土壤氡调查报告的主要内容应包括以下内容:

(1)城市地质概况、放射性本底概况、土壤概况;

(2)测点布置说明及测点分布图;

(3)测量仪器、方法介绍;

(4)测量过程描述;

(5)测量结果。包括原始数据、平均值、标准偏差等,如有可能,绘制城市土壤氡浓度等值线图。

(6)测量结果的质量评价包括仪器的日常稳定性检查、仪器的标定和比对工作、仪器的质量监控图制作。

附录 F   室内空气中苯的测定

F.0.1   空气中苯应用活性炭管进行采集,然后经热解吸,用气相色谱法分析,以保留时间定性,峰面积定量。

F.0.2   仪器及设备应符合下列规定:

(1)恒流采样器:在采样过程中流量应稳定,流量范围应包含 0.5L/min,并且当流量为 0.5L/min 时,应能克服 5~10kPa 的阻力,此时用皂膜流量计校准流量,相对偏差不应大于 ±5%。

(2)热解吸装置:能对吸附管进行热解吸,解吸温度、载气流速可测。

(3)配备有氢火焰离子化检测器的气相色谱仪。

(4)毛细管柱或填充柱:毛细管柱长度应为 30~50m 的石英柱,内径应为 0.53mm 或 0.32mm,内涂覆二甲基聚硅氧烷或其他非极性材料。填充柱长 2m,内径 4mm 不锈钢柱,内填充聚乙二醇 6000~6201 担体(5∶1000)固定相。

(5)容量为 1μL、10μL 的注射器若干个。

F.0.3   试剂和材料应符合下列规定:

(1)活性炭吸附管应为内装 100mg 椰子壳活性炭吸附剂的玻璃管或内壁光滑的不锈钢管。使用前应通氮气加热活化,活化温度为 300~350℃,活化时间不应少于10min,活化至无杂质峰为止;当流量为0.5L/min时,阻力应在5～10kPa之间。

（2）苯标准溶液或苯标准气体。

（3）载气应为氮气,纯度不应小于99.99％。

F.0.4　采样注意事项应包括下列内容:

（1）应在采样地点打开吸附管,与空气采样器入气口垂直连接,调节流量在0.5L/min的范围内,应用皂膜流量计校准采样系统的流量,采集约10L空气,应记录采样时间、采样流量、温度和大气压。

（2）采样后,取下吸附管,应密封吸附管的两端,做好标识,放入可密封的金属或玻璃容器中,样品可保存5d。

（3）采集室外空气空白样品时,应与采集室内空气样品同步进行,地点宜选择在室外上风向处。

F.0.5　气相色谱分析条件可选用以下推荐值,也可根据实验室条件选定其他最佳分析条件:

（1）填充柱温度为90℃或毛细管柱温度为60℃;

（2）检测室温度为150℃;

（3）汽化室温度为150℃;

（4）载气为氮气。

F.0.6　气相色谱分析配制标准系列方法应包括下列内容:

（1）气体外标法配制标准系列方法:应分别准确抽取浓度约1mg/m³的标准气体100mL、200mL、400mL、1L、2L通过吸附管,然后用热解吸气相色谱法分析吸附管标准系列样品。

（2）液体外标法配制标准系列方法:应抽取标准溶液1～5μL注入活性炭吸附管,分别制备苯含量为0.05μg、0.1μg、0.5μg、1.0μg、2.0μg的标准吸附管,同时用100mL/min的氮气通过吸附管,5min后取下并密封,作为吸附管标准系列样品。

F.0.7　气相色谱分析步骤:

采用热解吸直接进样的气相色谱分析。将标准吸附管和样品吸附管分别置于热解吸直接进样装置中,经过300～350℃解吸后,将解吸气体经由进样阀直接进入气相色谱仪进行色谱分析,应以保留时间定性,以峰面积定量。

F.0.8　所采空气样品中苯的浓度,应按下式进行计算:

$$c=\frac{m-m_0}{V} \tag{F.0.8.1}$$

式中:c——所采空气样品中苯浓度（mg/m³）;

m——样品管中苯的量（μg）;

m_0——未采样管中苯的量（μg）;

V——空气采样体积（L）。

所采空气样品中苯的浓度,还应按下式换算成标准状态下的浓度:

$$c_c = c \times \frac{101.3}{p} \times \frac{t+273}{273} \qquad (F.0.8.2)$$

式中:c_c——标准状态下所采空气样品中苯的浓度(mg/m^3);

    p——采样时采样点的大气压力(kPa);

    t——采样时采样点的温度(℃)。

注:当与挥发性有机化合物有相同或几乎相同的保留时间的组分干扰测定时,宜通过选择适当的色谱条件,将干扰减小到最低。

附录 G　室内空气中总挥发性有机化合物(TVOC)测定

G.0.1　室内空气中的总挥发性有机化合物(TVOC)应按以下步骤进行测定:

(1)应用 Tenax TA 吸附管采集一定体积的空气样品;

(2)通过热解吸装置加热吸附管,并得到 TVOC 的解吸气体;

(3)将 TVOC 的解吸气体注入气相色谱仪进行色谱分析,以保留时间定性,峰面积定量。

G.0.2　室内空气中的总挥发性有机化合物(TVOC)测定所需仪器及设备应符合下列规定:

(1)恒流采样器:在采样过程中流量应稳定,流量范围应包含 0.5L/min,并且当流量为 0.5L/min 时,应能克服 5~10kPa 之间的阻力,此时用皂膜流量计校准系统流量时,相对偏差不应大于±5%。

(2)热解吸装置:能对吸附管进行热解吸,其解吸温度及载气流速应可调。

(3)配备带有氢火焰离子化检测器的气相色谱仪。

(4)石英毛细管柱:长度应为 30~50m,内径应为 0.32mm 或 0.53mm,柱内涂覆二甲基聚硅氧烷的膜厚应为 1~5μm;柱操作条件应为程序升温,初始温度为 50℃,保持 10min,升温速率 5℃/min,温度升至 250℃,保持 2min。

(5)1μL、10μL 注射器若干个。

G.0.3　试剂和材料应符合下列规定:

(1)Tenax-TA 吸附管可为玻璃管或内壁光滑的不锈钢管,管内装有 200mg 粒径为 0.18~0.25mm(60 目~80 目)的 Tenax-TA 吸附剂。使用前应通氮气加热活化,活化温度应高于解吸温度,活化时间不少于 30min,活化至无杂质峰为止,当流量为 0.5L/min 时,阻力应为 5~10kPa 之间;

(2)苯、甲苯、对(间)二甲苯、邻二甲苯、苯乙烯、乙苯、乙酸丁酯、十一烷的标准溶液或标准气体;

(3)载气应为氮气,纯度不小于 99.99%。

G.0.4　采样要求应符合下列规定:

(1)应在采样地点打开吸附管,然后与空气采样器入气口垂直连接,调节流量在 0.5L/min 的范围内,然后用皂膜流量计校准采样系统的流量,采集约 10L 空气,应记录采样时间及采样流量、采样温度和大气压。

(2)采样后取下吸附管,应密封吸附管的两端并做好标记,然后放入可密封的金属或玻璃容器中,并应尽快分析,样品最长可保存 14d。

(3)采集室外空气空白样品应与采集室内空气样品同步进行,地点宜选择在室外上风向处。

G.0.5　标准系列制备注意事项:

(1)根据实际情况可选用气体外标法或液体外标法。

(2)当选用气体外标法时,应分别准确抽取气体组分浓度约 $1mg/m^3$ 的标准气体 100mL、200mL、400mL、1L、2L,使标准气体通过吸附管,以完成标准系列制备。

(3)当选用液体外标法时,首先应抽取标准溶液 $1\sim5\mu L$,在有 100mL/min 的氮气通过吸附管情况下,将各组分含量为 $0.05\mu g$、$0.1\mu g$、$0.5\mu g$、$1.0\mu g$、$2.0\mu g$ 的标准溶液分别注入 Tenax-TA 吸附管,5min 后应将吸附管取下并密封,以完成标准系列制备。

G.0.6　采用热解吸直接进样的气相色谱法。将吸附管置于热解吸直接进样装置中,经温度范围为 $280\sim300℃$ 充分解吸后,使解吸气体直接由进样阀快速进入气相色谱仪进行色谱分析,以保留时间定性、以峰面积定量。

G.0.7　用热解吸气相色谱法分析吸附管标准系列时,应以各组分的含量(μg)为横坐标,以峰面积为纵坐标,分别绘制标准曲线,并计算回归方程。

G.0.8　样品分析时,每支样品吸附管应按与标准系列相同的热解吸气相色谱分析方法进行分析,以保留时间定性、以峰面积定量。

G.0.9　所采空气样品中的难度计算应符合下列规定:

(1)所采空气样品中各组分的浓度应按下式进行计算:

$$c_m = \frac{m_i - m_0}{V} \qquad (G.0.9\text{-}1)$$

式中:c_m——所采空气样品中 i 组分浓度(mg/m^3);

　　　m_i——样品管中 i 组分的质量(μg);

　　　m_0——未采样管中 i 组分的量(μg);

　　　V——空气采样体积(L)。

空气样品中各组分的浓度还应按下式换算成标准状态下的浓度:

$$c_c = c_m \times \frac{101.3}{p} \times \frac{t+273}{273} \qquad (G.0.9\text{-}2)$$

式中:c_c——标准状态下所采空气样品中 i 组分的浓度(mg/m^3);

　　　p——采样时采样点的大气压力(kPa);

　　　t——采样时采样点的温度(℃)。

(2)所采空气样品中总挥发性有机化合物(TVOC)的浓度应按下式进行计算:

$$c_{TVOC} = \sum_{i=1}^{n} c_c \qquad (E.0.9\text{-}3)$$

式中：c_{TVOC}——标准状态下所采空气样品中总挥发性有机化合物（TVOC）的浓度（mg/m³）。

注：①对未识别峰，应以甲苯的响应系数来定量计算。

②当与挥发性有机化合物有相同或几乎相同的保留时间的组分干扰测定时，宜通过选择适当的气相色谱柱，或通过用更严格地选择吸收管和调节分析系统的条件，将干扰减到最低。

③依据实验室条件，可等同采用国际标准"Indoor air-Part 6：Determination of volatile organic compounds in indoor and test chamber air by active sampling on Tenax TA® sorbent, thermal desorption and gas chromatography using MS/FID" ISO 16000-6：2004、"Indoor, ambient and workplace air-Sampling and analysis of volatile organic compounds by sorbent tube/thermal desorption/capillary gas chromatography-Part 1：Pumped sampling" ISO 16017-1：2000 等先进方法分析室内空气中的 TVOC。

本规范用词说明

（1）为便于在执行本规范条文时区别对待，对要求严格程度不同的用词说明如下：

①表示很严格，非这样做不可的：

正面同采用"必须"；反面词采用"严禁"；

②表示严格，在正常情况下均应这样做的：

正面词采用"应"；反面词采用"不应"或"不得"；

③表示允许稍有选择，在条件许可时首先应这样做的：

正面词采用"宜"，反面词采用"不宜"；

④表示有选择，在一定条件下可以这样做的用词，采用"可"。

（2）条文中指明应按其他有关标准执行的写法为"应符合……的规定"或"应按……执行"。

引用标准名录

《采暖通风与空气调节设计规范》GB 50019

《地下工程防水技术规范》GB 50108

《公共建筑节能设计标准》GB 50189

《民用建筑设计通则》GB 50352

《色漆、清漆和塑料　不挥发物含量的测定》GB/T 1725

《建筑材料放射性核素限量》GB 6566

《色漆和清漆　密度的测定-比重瓶法》GB/T 6750

《建筑物表面氡析出率的活性炭测量方法》GB/T 16143

《公共场所空气中氨测定方法》GB/T 18204.25

《公共场所空气中甲醛测定方法》GB/T 18204.26

《色漆和清漆用漆基　异氰酸酯树脂中二异氰酸酯(TDI)单体的规定》GB/T 18446

《室内装饰装修材料　人造板及其制品中甲醛释放量限量》GB 18580

《室内装饰装修材料　内墙涂料中有害物质限量》GB 18582

《室内装饰装修材料　胶粘剂中有害物质限量》GB 18583

《混凝土外加剂中释放氨的限量》GB 18588